《物理学概论》
学习指导

樊亚萍 主编

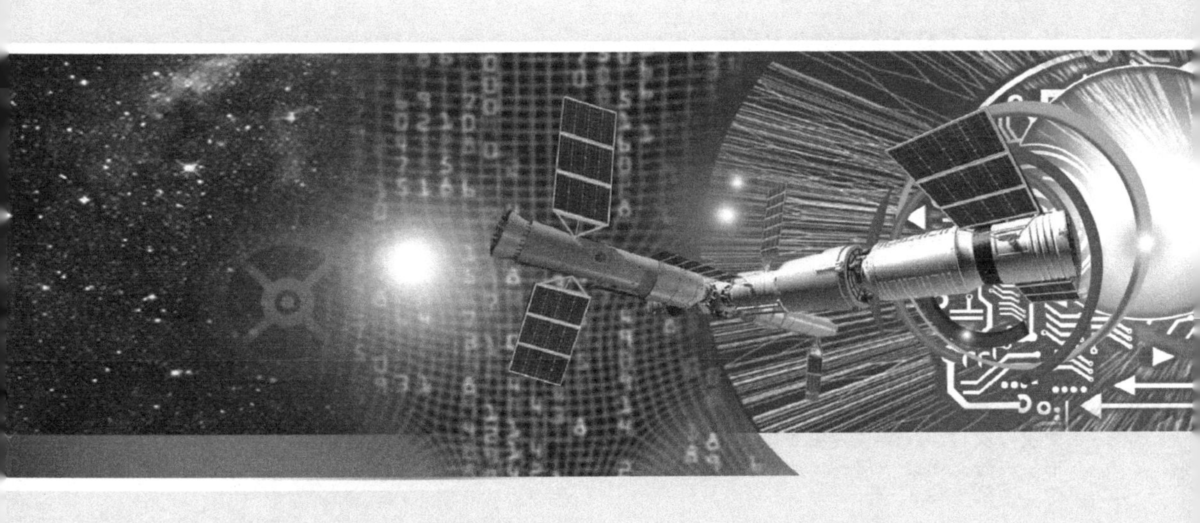

西安交通大学出版社
XI'AN JIAOTONG UNIVERSITY PRESS

图书在版编目(CIP)数据

《物理学概论》学习指导/樊亚萍主编.—西安:西安交通大学出版社,2021.4(2022.2 重印)
ISBN 978-7-5693-0546-3

Ⅰ.①物… Ⅱ.①樊… Ⅲ.①物理学-高等学校-教学参考资料
Ⅳ.①04

中国版本图书馆 CIP 数据核字(2020)第 105414 号

书　　名 《物理学概论》学习指导
主　　编 樊亚萍
责任编辑 任振国
责任校对 魏　萍

出版发行 西安交通大学出版社
(西安市兴庆南路 1 号　邮政编码 710048)
网　　址 http://www.xjtupress.com
电　　话 (029)82668357　82667874(发行中心)
(029)82668315(总编办)
传　　真 (029)82668280
印　　刷 西安日报社印务中心

开　　本 727mm×960mm　1/16　**印张** 9.375　**字数** 176 千字
版次印次 2021 年 4 月第 1 版　2022 年 2 月第 2 次印刷
书　　号 ISBN 978-7-5693-0546-3
定　　价 23.80 元

如发现印装质量问题,请与本社发行中心联系、调换。
订购热线:(029)82665248　(029)82665249
投稿热线:(029)82664954
读者信箱:jdlgy@yahoo.cn

前言

文管类大学物理是文管类学生的一门基础学科，它的内容广泛，逻辑性很强，并附有许多物理学知识在实际中的应用。这门课既能给学生提供广阔的想象空间、培养学生丰富的想象力，有利于培养学生创新精神和自主学习应用的能力，又能让学生了解和掌握有关物理学理论和技术的基本内容。通过本课程的学习，希望能引起学生学习大学物理的兴趣。我们在经济类大学物理的教学中，采取了多项措施，培养学生的综合素质。在教学中，教师是关键，学生是主力，教师和学生的有机配合，既可提高教学质量，又可培养学生的创新精神和自主学习应用能力，提高独立思考问题的能力。

本书与张淳民主编的《物理学概论》的章节顺序对应，给出了各章基本要求、基本内容概述及所有课后习题解答，还有许多练习题及其答案。愿本书能使学生科学思维方法得到好的开拓，对文管类学生学习大学物理有较大的帮助，从而把大学物理这门基础课学得扎扎实实。

参加本书编写的有樊亚萍（第 1、2、3、5、7、10、11 章的基本内容概述和练习题及其解答，绪论以及力学篇和波动篇的基本要求，模拟试题及解答），卜涛（第 4、6、8、9 章的基本内容概述和练习题及其解答，电磁篇和统计量子篇的基本要求），任文艺（绪论习题解答），艾晶晶（第 1 章习题解答），李莹（第 2 章习题解答），李祺伟、贾宗伟（第 3 章习题解答），张璐（第 4 章习题解答），屈燕、陈洁（第 5 章习题解答），粟彦芬（第 6 章习题解答），陆琳（第 7 章习题解答），贾辰凌（第 8 章习题解答），高鹏（第 9 章习题解答），李刚（第 10 章习题解答），张霖、刘冬冬（第 11 章习题解答），全书由樊亚萍负责统稿。

西安交通大学理学院张淳民教授、张孝林教授审阅初稿。

本书在编写过程中得到西安交通大学物理学院领导高宏教授、张胜利教授的大力支持，得到许多教师的指导和帮助，对此一并表示衷心的感谢。

本书的编写参考了若干现有的教材和辅导书，特此一并致谢。

由于编者水平有限，时间仓促，书中出现的错误和不妥之处，敬请读者批评指正。

编　者

2020 年 10 月

目　录

第0章　绪论

一、课程的性质、目的、基本要求

物理学是认识物质世界的基本属性，研究物质运动的基本规律、物质运动最基本最普通的形式及其相互转化规律的学科。

开设大学物理课程的目的，是为了适应当今科技、经济、社会发展对高素质人才的需要，全面体现对学生知识结构的优化以及科学思维能力和全面素质的培养和提高。

通过物理学的学习，使学生逐步掌握科学研究的方法论和认识论；掌握物理学的思想、科学思维方法和科学观点，启迪学生创造性思维和创新意识；掌握物理学的基本概念、理论及规律；了解物理学的新发展及其在高新技术中的应用，展示较宽阔的物理图像，扩大学生知识视野；了解物理学在科技革命、人类社会中所起的重大的革命性的变革作用。

二、习题解答

0－1　讨论一个科学理论（如开普勒理论）与一件艺术品（如一首摇滚音乐）之间的相似点与不同点。

解　科学理论（如开普勒理论）是一个思想框架，是解释或统一一组观察结果的一个想法或几个有关联的想法。一件艺术品（如一首摇滚音乐）是一种模型，模型是一种可以直观想象的理论，而科学理论则是更为普遍的理论当中的一个观念。科学理论是随着时间的迁移而变化的。

0－2　列出科学技术直接或间接改善我们生活的10个方面，再列出它们使我们生活恶化的10个方面。

解　直接或间接改善我们生活的10个方面，如：电的发明，计算机的发明，互联网的出现，杂交水稻的发明，飞机的发明，火药的发明，航天火箭的发明，机器人的发明，空调的发明和微波炉的发明等。

使我们生活恶化的10个方面，如：人口增长，犯罪，物种灭绝，全球变暖，毒品，战争，空气污染，艾滋病，突发公共卫生事件和核泄漏等。

0－3　科学的最重要和最有特色的特点是什么？

解　经验（表现为实验与观察）与思想（表现为创造性地构筑使经验关联起来的理论和假说）之间的相互作用。

0-4 两个不同的理论能够在下面的意义上都正确吗？即在历史上某一特定时期，它们都正确预言已知观测数据。用一个历史例子支持你的答案。

解 是的。哥白尼时代的已知事实与哥白尼理论和托勒密理论这两个理论都一致就是一个例子。

0-5 “某些人有超感官知觉的天赋，比如能用自己的意念移动物体。但是，超感官知觉能力是如此的娇气，每个想要证实它的企图总是使它不灵。”这是一个科学假说吗？

解 这不是一个可检验的假说。所以，不应该认为包括这一假说的任何超感官知觉“理论”是一门科学。

0-6 一个典型的星系中大约有1000亿颗星，而已知的宇宙内至少有1000亿个星系，那么总共约有多少颗星？

解 1000亿×1000亿$=10^{22}$。

0-7 蟹状星云是一颗恒星爆炸后的残余物。中国人在公元1054年观察到这次爆炸。然而，蟹状星云离地球大约3500光年。这个恒星的爆炸实际发生在什么地球年代？

解 这次爆炸发生于公元1054年之前大约3500年，即大约爆发于公元前2446年。

第1章　天体运动与牛顿力学

一、基本要求

1. 了解人类宇宙观的发展。

2. 从质点物理模型的运用中理解建立物理模型的物理学研究方法。

3. 理解参考系、惯性系、惯性、质量、自由度等概念。

4. 掌握位移、速度、加速度等物理量，掌握牛顿运动定律及其适用条件和应用。

5. 掌握万有引力定律，了解平方反比率物理学规律的重要性，了解海王星的发现。

6. 理解质点的动量定理、动量守恒定律、角动量定理、角动量守恒定律、动能定理、机械能守恒定律及其适用条件和应用。理解能量转换与守恒定律。

7. 理解运用守恒定律分析、解决问题的思想方法。

二、基本内容

1. 人类宇宙观的发展：古代人类对天体运动的认识，新宇宙观的诞生——哥白尼的太阳中心说，行星运动之谜的揭开——开普勒行星运动三定律，目前观测的宇宙概貌。

2. 质点运动的描述：理想模型，自由度，描述质点运动的物理量，运动的坐标表示，直线运动，圆周运动。

3. 牛顿运动定律：牛顿运动定律，牛顿第二定律的积分形式。

4. 引力思想与万有引力定律：引力思想的发展，万有引力定律，引力质量与惯性质量，万有引力定律的生动例证——海王星的发现。

5. 物理学研究路线之一——因果律与决定论。

三、基本内容概述

(一) 参考系

参考系：用来描述物体运动而选作参考的物体或物体系。

1. 运动的相对性决定描述物体运动必须选取参考系。

2. 运动学中参考系可任选，不同参考系中物体的运动形式(如轨迹、速度等)可以不同。

3. 常用参考系：

太阳参考系(太阳-恒星参考系)；

地心参考系(地球-恒星参考系)；

地面参考系或实验室参考系。

(二) 坐标系

坐标系:固结在参考系上的一组有刻度的射线、曲线或角度。

1. 坐标系为参考系的数学抽象。

2.参考系选定后,坐标系还可任选。在同一参考系中用不同的坐标系描述同一运动,物体的运动形式相同,但其运动形式的数学表述却可以不同。

3.常用坐标系：

直角坐标系(x , y , z)

(三) 质点位置矢量

位置矢量(位矢、矢径):用来确定某时刻质点位置(用矢端表示)的矢量。

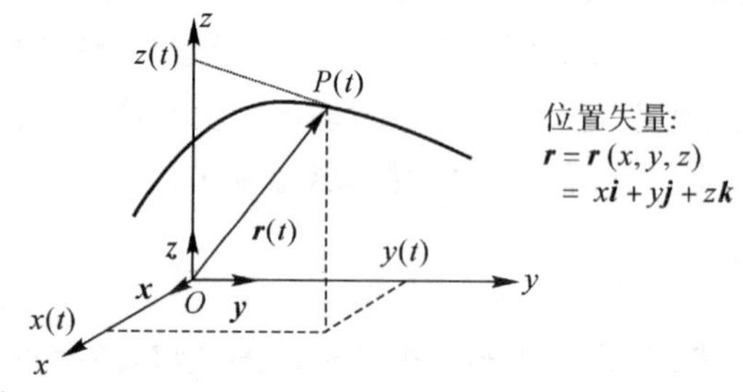

(四) 运动函数

机械运动是物体(质点)位置随时间的改变。在坐标系中配上一套同步时钟,可给出质点运动到各处的时刻,从而得到质点位置坐标和时间的函数关系。该函数关系称为质点的运动函数。

运动函数：

$$\boldsymbol{r}(t)=x(t)\boldsymbol{i}+y(t)\boldsymbol{j}+z(t)\boldsymbol{k}$$

或

$$\boldsymbol{x}=\boldsymbol{x}(t),\boldsymbol{y}=\boldsymbol{y}(t),\boldsymbol{z}=\boldsymbol{z}(t)$$

(五) 位移

质点在一段时间(Δt)内位置的改变($\Delta \boldsymbol{r}$)叫做它在这段时间内的位移。

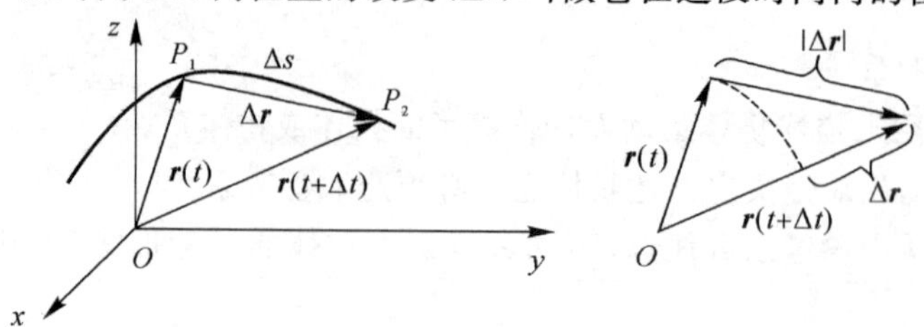

位移 $\Delta \boldsymbol{r}=\boldsymbol{r}(t+\Delta t)-\boldsymbol{r}(t)\begin{cases}大小：|\Delta \boldsymbol{r}|=\overline{P_1P_2}\\方向：P_1\rightarrow P_2\end{cases}$

(六) 路程

质点实际运动轨迹的长度 Δs。

注意：(1) $\Delta s\neq|\Delta \boldsymbol{r}|$，但 $\mathrm{d}s=|\mathrm{d}\boldsymbol{r}|$；

(2) $|\Delta \boldsymbol{r}|\neq\Delta r$，$|\mathrm{d}\boldsymbol{r}|\neq \mathrm{d}r$。

要分清 $\Delta \boldsymbol{r}$、Δr、$|\Delta \boldsymbol{r}|$等的几何意义。

(七) 速度

位矢对时间的变化率。

1. 平均速度：

$$\bar{\boldsymbol{v}}=\frac{\Delta \boldsymbol{r}}{\Delta t}$$

2.(瞬时)速度：

$$\boldsymbol{v}=\lim_{\Delta t\to 0}\frac{\Delta \boldsymbol{r}}{\Delta t}=\frac{\mathrm{d}\boldsymbol{r}}{\mathrm{d}t}=\dot{r}$$

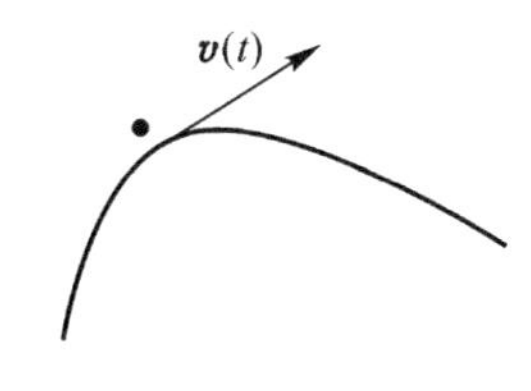

速度方向：沿轨迹切线方向。

速度大小(速率)：

$$v=|\boldsymbol{v}|=\frac{|\mathrm{d}\boldsymbol{r}|}{\mathrm{d}t}=\frac{\mathrm{d}s}{\mathrm{d}t}\neq\frac{\mathrm{d}r}{\mathrm{d}t}$$

(八) 加速度

速度对时间的变化率。

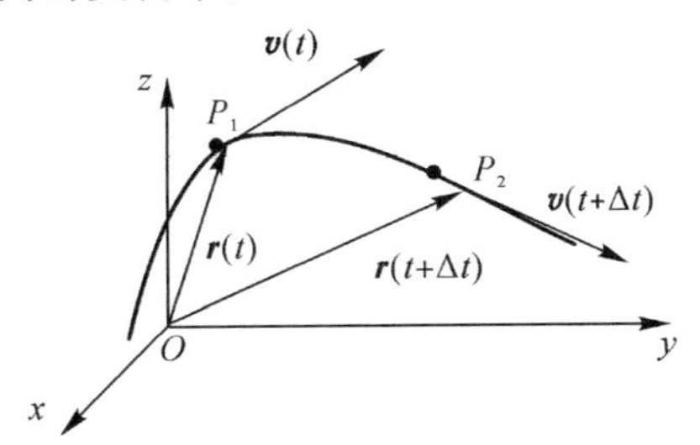

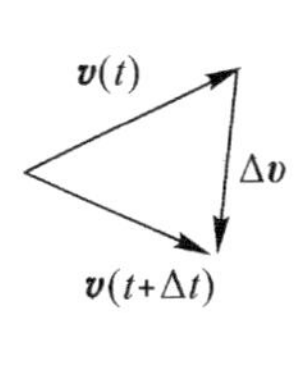

加速度：
$$\boldsymbol{a}=\lim_{\Delta t\to 0}\frac{\Delta \boldsymbol{v}}{\Delta t}=\frac{\mathrm{d}\boldsymbol{v}}{\mathrm{d}t}=\frac{\mathrm{d}^2\boldsymbol{r}}{\mathrm{d}t^2}=\ddot{r}$$

加速度的方向：$\boldsymbol{v}$ 变化的方向

加速度的大小：
$$a=|\boldsymbol{a}|=\left|\frac{\mathrm{d}\boldsymbol{v}}{\mathrm{d}t}\right|\neq\left|\frac{\mathrm{d}v}{\mathrm{d}t}\right|$$

(九) 圆周运动

描述圆周运动的物理量

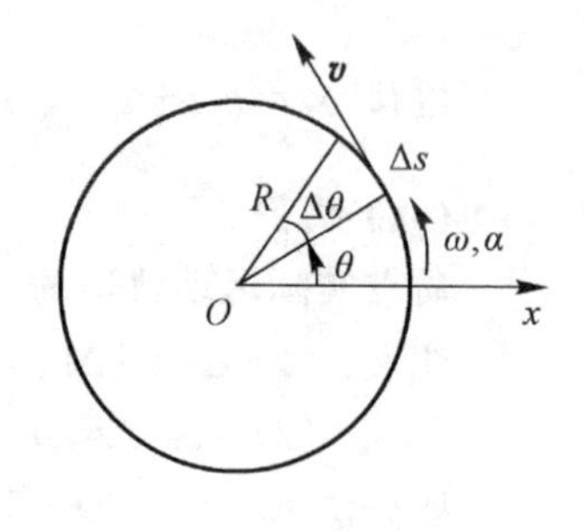

角位移：$\Delta\theta$

角速度：$\omega=\dfrac{\mathrm{d}\theta}{\mathrm{d}t}$

角加速度：$\alpha=\dfrac{\mathrm{d}\omega}{\mathrm{d}t}$

线速度：$v=\dfrac{\mathrm{d}s}{\mathrm{d}t}=\dfrac{R\mathrm{d}\theta}{\mathrm{d}t}=R\omega$

线加速度：

$$\begin{aligned}\boldsymbol{a}&=\frac{\mathrm{d}\boldsymbol{v}}{\mathrm{d}t}\\&=\frac{\mathrm{d}v}{\mathrm{d}t}\boldsymbol{e}_{\mathrm{t}}+v\frac{\mathrm{d}\boldsymbol{e}_{\mathrm{t}}}{\mathrm{d}t}\end{aligned}$$

所以

$$\begin{aligned}\boldsymbol{a}&=\frac{\mathrm{d}v}{\mathrm{d}t}\boldsymbol{e}_{\mathrm{t}}+\frac{v^2}{R}\boldsymbol{e}_{\mathrm{t}}\\&=a_{\mathrm{t}}\boldsymbol{e}_{\mathrm{t}}+a_{\mathrm{n}}\boldsymbol{e}_{\mathrm{t}}\end{aligned}$$

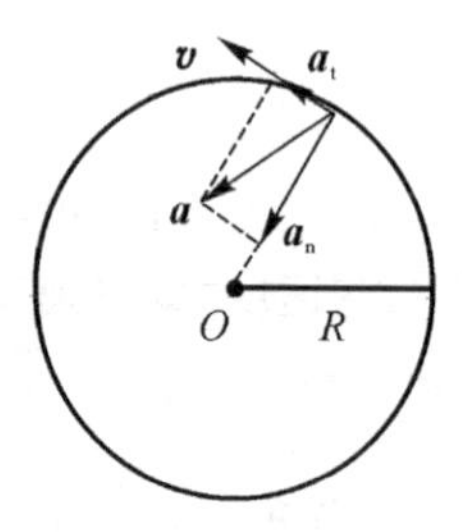

其中，$a_{\mathrm{t}}=\dfrac{\mathrm{d}v}{\mathrm{d}t}$ 为切向加速度，它是引起速度大小改变的加速度。

$a_{\mathrm{n}}=\dfrac{v^2}{R}$为法向加速度或向心加速度，它是引起速度方向改变的加速度。

（十）牛顿运动定律

第一定律（惯性定律）：

任何物体都保持静止或做匀速直线运动的状态，除非作用在它上面的力迫使它改变这种状态。

第一定律{定义了“惯性系”；定性给出了力与惯性的概念}

惯性系：牛顿第一定律成立的参考系。

力是改变物体运动状态的原因，而并非维持物体运动状态的原因。

第二定律：$\boldsymbol{F}=\dfrac{\mathrm{d}}{\mathrm{d}t}(m\boldsymbol{v})$

$\boldsymbol{F}$：物体所受的合外力。

m：质量，它是物体惯性大小的量度，也称惯性质量。

若 m 是恒量，则有：$\boldsymbol{F}=m\boldsymbol{a}$

$\boldsymbol{a}$：物体的加速度。

第三定律：$\boldsymbol{F}_{12}=-\boldsymbol{F}_{21}$

说明：

1. 牛顿定律只适用于惯性系；

2. 牛顿定律是对质点而言的，而一般物体可认为是质点的集合，故牛顿定律具有普遍意义。

(十一) 万有引力定律

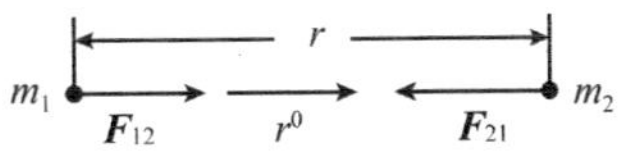

质量为 m_1、m_2，相距为 r 的两质点间的万有引力大小为 $F=G\dfrac{m_1m_2}{r^2}$　$G=6.67\times10^{-11}\,\mathrm{m^3\cdot kg^{-1}\cdot s^{-2}}$

用矢量表示为 $\boldsymbol{F}_{21}=-\dfrac{Gm_1m_2}{r^2}\boldsymbol{r}^0$

说明：

(1)依据万有引力定律定义的质量叫引力质量，常见的用天平秤量物体的质量，实际上就是测引力质量；依据牛顿第二定律定义的质量叫惯性质量。实验表明：对同一物体来说，两种质量总是相等。

(2)万有引力定律只直接适用于两质点间的相互作用。

四、习题解答

1-1　某质点做直线运动的运动学方程为 $x=3t-5t^3+6$ (SI 单位)，则该质点作(　　)。

A. 匀加速直线运动，加速度沿 x 轴正方向

B. 匀加速直线运动，加速度沿 x 轴负方向

C. 变加速直线运动，加速度沿 x 轴正方向

D. 变加速直线运动，加速度沿 x 轴负方向

解　答案 D。加速度：$a=\dfrac{\mathrm{d}^2x}{\mathrm{d}t^2}=-30t$，所以为变加速直线运动，加速度沿 x 轴负方向。

1-2　站在电梯内的一个人，看到用细线连结的质量不同的两个物体跨过电梯内的一个无摩擦的定滑轮而处于“平衡”状态。由此，他断定电梯做加速运动，其加速度为(　　)。

A. 大小为 g，方向向上　　B. 大小为 g，方向向下

C. 大小为 $\dfrac{1}{2}g$，方向向上　　D. 大小为 $\dfrac{1}{2}g$，方向向下

解　答案 B。设两物体的质量分别为 m_1、m_2，则对定滑轮进行受力分析，定滑

轮受到向下的力：$(m_1+m_2)g$，由题意知定滑轮处于“平衡”状态，所以定滑轮受到电梯对它施加的向上的力也为$(m_1+m_2)g$。因为电梯对定滑轮施加了向上的力，由牛顿第三定律知电梯自身受向下的力，加速度为g。

1－3　质量为m的物体自空中落下，它除受重力外，还受到一个与速度平方成正比的阻力的作用，比例系数为k，k为正值常量。该下落物体的收尾加速度（即最后物体做匀速运动时的速度）将是（　　）。

A. $\sqrt{\frac{mg}{k}}$　　B. 0　　C. gk　　D. $\sqrt{gk}$

解　答案B。物体做匀速运动时加速度为0。

1－4　一质点做半径为0.1 m的圆周运动，其角位置的运动学方程为：$\theta=\frac{\pi}{4}+\frac{1}{2}t^2$（SI单位），则其切向加速度为$a_t=$______。

解　因为角位置的运动方程为：$\theta=\frac{\pi}{4}+\frac{1}{2}t^2$，所以切向路程的运动方程为：$v_t=\frac{d\theta}{dt}\cdot r=0.1t$，则切向加速度为：$a_t=\frac{dv_t}{dt}=0.1\ m/s^2$。

1－5　质量分别为m_A和$m_B(m_A>m_B)$、速度分别为$\boldsymbol{v}_A$和$\boldsymbol{v}_B(v_A>v_B)$的两质点$A$和$B$，受到相同的冲量作用，则（　　）。

A. A的动量增量的绝对值比B的小

B. A的动量增量的绝对值比B的大

C. A、B的动量增量相等

D. A、B的速度增量相等

解　答案C。因为动量的改变等于外力的冲量，而A、B受到了相同的冲量，所以动量的增量相等。

1－6　一物体质量$m=1$ kg，在合外力$F=(3+2t)\boldsymbol{i}$（SI单位）的作用下，从静止开始运动，式中$\boldsymbol{i}$为方向一定的单位矢量，则当$t=1$ s时物体的加速度$a=$______。

解　由牛顿第二定律知：$F=ma$，而在$t=1$ s时，$F=(3+2t)\boldsymbol{i}=5\boldsymbol{i}$，则$a=\frac{F}{m}=5\ m/s^2$。

1－7　一质点做平面运动，其运动函数为$x=3t$，$y=2-2t^2$（SI单位）。

(1) 试写出质点位置矢量、速度矢量和加速度矢量；

(2) 求$t=1$ s时刻质点速度和加速度。

解　(1)$\boldsymbol{r}=(3t)\boldsymbol{i}+(2-2t^2)\boldsymbol{j}$　$\boldsymbol{v}=\frac{dr}{dt}=3\boldsymbol{i}-(4t)\boldsymbol{j}$　$\boldsymbol{a}=\frac{dv}{dt}=-4\boldsymbol{j}$

(2)$\boldsymbol{v}_{t=1}=3\boldsymbol{i}-4\boldsymbol{j}$　$\boldsymbol{a}_{t=1}=-4\boldsymbol{j}$

1-8　已知某弹簧谐振子由弹性系数为 k 的轻弹簧和质量为 m 的质点组成，以弹簧原长为坐标原点，其质点振动的位移与时间的关系是 $y=A\cos\left(\sqrt{\frac{k}{m}}t+\frac{\pi}{2}\right)$ (SI 单位)，A 是大于零的恒量。试求：弹簧振子振动的速度和加速度。

解　$v=\frac{\mathrm{d}y}{\mathrm{d}t}=-A\sqrt{\frac{k}{m}}\sin\left(\sqrt{\frac{k}{m}}t+\frac{\pi}{2}\right)$ (SI 单位)

$a=\frac{\mathrm{d}v}{\mathrm{d}t}=-A\frac{k}{m}\cos\left(\sqrt{\frac{k}{m}}t+\frac{\pi}{2}\right)$ (SI 单位)

1-9　某发动机启动后，主轮边缘上的一点做圆周运动，其角位置与时间的关系为 $\theta=t^2+4t-8$(SI 单位)。求：(1)$t=2$ s 时刻，该点的角速度和角加速度；(2)若主轮半径为 $R=0.2$ m，求该点运动的速度和加速度。

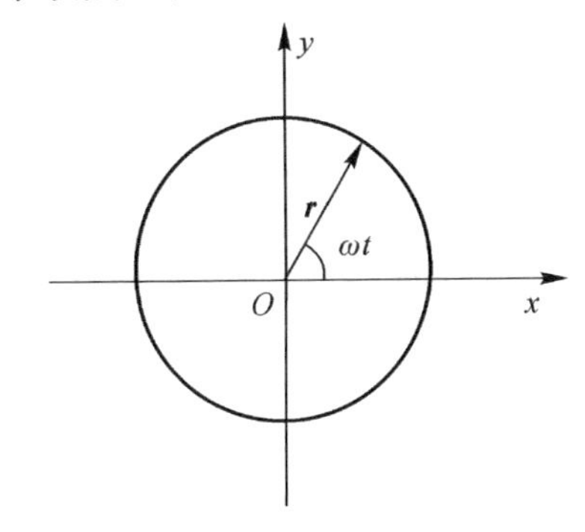

习题 1-9 图

解　(1)因为角速度的定义式为

$$\omega=\frac{\mathrm{d}\theta}{\mathrm{d}t}$$

所以

$$\omega_{t=2\mathrm{s}}=2t+4=8 \text{ (SI 单位)}$$

又因为角加速度的定义式为

$$\alpha=\frac{\mathrm{d}\omega}{\mathrm{d}t}=\frac{\mathrm{d}^2\theta}{\mathrm{d}t^2}$$

所以

$$\alpha_{t=2\mathrm{s}}=2 \text{ (SI 单位)}$$

(2)$v=\frac{\mathrm{d}\theta}{\mathrm{d}t}R=\omega R=1.6$ (SI 单位)

$a_{\mathrm{n}}=\frac{v^2}{R}=\omega^2R=12.8$ (SI 单位)

$a_t=\frac{dv}{dt}=\alpha R=0.4$ (SI 单位)

1-10 汽车在半径为 480 m 的圆弧弯道减速行驶，若某时刻汽车的速率为 $v=12$ m/s，切向加速度为 $a_t=0.3\ m/s^2$。求汽车的法向加速度。

解 $a_n=\frac{v^2}{R}=0.3$ (SI 单位)

1-11 一列火车由 13 节质量均为 m 的车厢组成，车厢和铁轨间的摩擦系数为 μ，已知火车牵引力大小为 F。求：

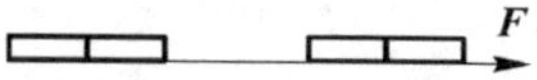

习题 1-11 图

(1) 火车运动的加速度 a；

(2) 第 7 节车厢对第 8 节车厢的作用力 F_{78}。

解 (1)$a=\frac{F_s}{M}=\frac{F-13mg\mu}{13m}$ (SI 单位)

(2)因为 第 7 节车厢以后的车厢的加速度 $a_{78}=a$

所以
$$\frac{F-13mg\mu}{13m}=\frac{F_{78}-6mg\mu}{6m}$$

$$F_{78}=\frac{6}{13}F\ \text{(SI 单位)}$$

1-12 汽车里有哪些装置是用来产生加速度的？

解 发动机等。

1-13 可能是由于全球变暖的缘故，全球的海平面目前每年上升约 2 mm。以这样的速率，海平面升高 0.5 m 要多少年？

解 250 a。0.5÷0.002=250 a

1-14 你推一面坚固的水泥墙。你的推力是作用在墙上的唯一水平力吗？你怎么知道的？作用于墙的合力是怎样的？

解 不，你的推力不可能是唯一作用于墙的力。因为墙未被加速，所以作用于墙的水平合力一定是 0，于是一定有一个力(由混凝土结构提供)在相反方向上推这面墙。

1-15 一辆小汽车与一辆大卡车迎面相撞。哪辆车施加更大的力？哪辆车受到更大的力？哪辆车得到更大的加速度？

解 两辆汽车相互施加同样大小的力，而且两辆汽车都感受到来自对方的同样大小的力。小汽车的质量较小，所以它受到较大的加速度。

1-16 既然惯性定律说，保持一个物体以不变的速度运动不需要力，为什么汽车需要一个驱动力保持行驶？

解 汽车在路上行驶一直受到摩擦力,需要驱动力平衡摩擦力。

1-17　一辆行驶的公共汽车很快地在一个车站停下时,为什么车上站着的乘客突然向前方倒?

解　因为惯性,车突然停止,乘客的上半身还保持车未停之前的速度,而脚与车同时停住,所以会向前方倒。

1-18　你能以不变的速度开车绕街区转吗?

解　不能,因为方向有改变。

1-19　晕车实际上是由运动本身还是由别的什么原因引起的?讲述一种不会使人晕车的运动形式。

解　晕车是由车的颠簸和速度不均匀引起的,即由加速运动引起的。匀速运动不会晕车,比如磁悬浮列车。

1-20　列出古希腊天文学和亚里士多德物理学支持传统的哲学和宗教的世界观的几种方式。

解　(1)古希腊天文学的核心是目的概念或者说未来目标的观念。人类整体、地球、行星、落体和发生的其他的每一件事都有目的,并且他们还相信,宇宙的更远大的目的与人类是联系在一起的,人类体现了全宇宙的目的。

(2)亚里士多德也支持这个观点,他的五种元素(土、水、气、火、以太)都有解释其自然运动的目的。

(3)由于运动物质是根据运动来划分的,从而产生了做各种运动而具有一定形状和大小的"最小自然物"。

(4)最小自然物群聚起来构成粒子。这种粒子具有一定的形状和大小,且可以运动或静止。凡是能够觉察到的物体都是由这种粒子集合而成的。

1-21　哥白尼会喜欢开普勒理论的哪些方面?不喜欢哪些方面?

解　喜欢的方面:地球绕太阳转;不喜欢的方面:太阳是不动的,是宇宙的中心。

1-22　列出哥白尼和牛顿的科学不支持传统世界观的几个方面。

解　传统世界观:传统的世界观是把中世纪基督教、古希腊人的地心天文学和亚里士多德物理学结合在一起。古希腊天文学认为为了我们的利益,地球在宇宙中心静止不动,太阳、行星和恒星绕地球转动。亚里士多德也支持这个观点,并且他认为,重的物体向下运动是因为它们要达到在地心的自然位置,这是它们的目的。每样东西在地位和目的的层级中都有它的自然位置。

哥白尼:哥白尼理论把太阳放在宇宙中心,地球环绕它运动。这种认为地球是在运动而且是一个与其他行星没有什么不同的的行星的古怪想法遇到了传统势力的很大阻力。

牛顿:牛顿的力学体系完全打破了亚里士多德的自然运动观。

1－23 在开普勒之前人们是怎样看待行星运动的?开普勒又是怎样描述行星运动的?

解 开普勒定律是关于行星环绕太阳的运动,而牛顿定律更广义的是关于几个粒子因万有引力相互吸引而产生的运动。在只有两个粒子,其中一个粒子超轻于另外一个粒子,这些特别状况下,轻的粒子会环绕重的粒子移动,就好似行星根据开普勒定律环绕太阳的移动。然而牛顿定律还容许其他解答,行星轨道可以呈抛物线运动或双曲线运动。这是开普勒定律无法预测到的。在一个粒子并不超轻于另外一个粒子的状况下,依照广义二体问题的解答,每一个粒子环绕它们的共同质心移动。这也是开普勒定律无法预测到的。

开普勒定律,或者是用几何语言,或者是用方程,将行星的坐标及时间跟轨道数相连结。牛顿第二定律是一个微分方程。开普勒定律的导引涉及解微分方程的艺术。我们会先导引开普勒第二定律,因为开普勒第一定律的导引必须建立于开普勒第二定律。

1－24 太阳与地球的距离为 1.5×10^{11} m,地球绕太阳运转的轨道速率为 3×10^{4} m/s,试利用这些数据估算太阳的质量。

解
$$G\frac{M_{地}M_{太}}{r^2}=M_{地}\frac{v^2}{r}$$

故
$$M_{太}=\frac{v^2 r}{G}=2.02\times10^{30}\ \text{kg}$$

1－25 估计一下你作用于站在你旁边的人的引力。

解 设两个人体重均为 60 kg,距离为 1 m。则:

$$f_G=G\frac{m_1m_2}{r^2}=6.67\times10^{-11}\times\frac{60\times60}{1^2}=1.67\times10^{-7}\ (\text{SI})$$

1－26 根据本章所述的历史,推测一下如果没有哥白尼会出现什么情况。我们今天仍然还会相信地球在宇宙中心静止不动吗?会不会有另外一个人也提出一个类似的理论?如果这样,这会发生在什么时候——是 1543 年(这一年哥白尼发表了他的理论)之后仅仅几年,还是 1543 年之后一个世纪或几个世纪?考虑这个问题时,应想到以下历史细节:阿利斯塔克斯、第谷和文艺复兴。

解 如果没有哥白尼也会有其他人提出类似的理论,阿里斯塔克斯认为是太阳而不是地球静止在宇宙中心,地球和五个行星环绕太阳做圆周运动,并且地球还绕自己的轴自转。第谷一直精确地观测和记录百颗恒星和行星的位置及运动状态,而他们有生之年就有可能发现日心理论。

1－27 牛顿怎样统一了行星运动的引力和地面上物体所受的重力?

解 牛顿认为,地面上物体所受的重力为万有引力。而月亮可以比作一抛体,如果月亮没有受到地球引力的作用，则应沿直线运动，正是由于地球引力的作用，使月亮离开直线，不断偏向地球。实际上月亮是从那个没有地球引力作用时所应处的位置上不断落下来了，其运动曲线的弯曲正好与地球表面的弯曲程度相同，因此月亮永远也不会掉到地球上。这样牛顿统一了行星运动的引力和地面上物体所受的重力。

1-28　多数流星在太空中已经运行了几十亿年，是什么在支持它们运动？

解　万有引力，流星相互之间的引力。

1-29　月亮和下落的苹果有何相似之处？有何不同之处？

解　相似之处：都受地球的引力。不同之处：苹果受到的引力小，直线掉落在地球表面上；月亮受到的引力大，正好使月亮做抛体运动绕地球运动。

1-30　以一个怎样的思路来计算任意形状的两个物体间的引力？一个放在地球中心的物体会受到地球多大的引力？

解　任意形状的两个物体之间的距离应为它们质心之间的距离。地球中心的物体质心与地球的质心重合，距离为无限小，受到的引力无穷大。

1-31　如果你用某种办法减少地球质量，其他因素保持不变，这会影响你的重量吗？怎样影响？

解　是的，这会减轻你的重量。因为 $G_{人}=G\dfrac{m_{人}\cdot m_{地球}}{r^2}$，$m_{地球}$ 减小，所以 $G_{人}$ 减小。

1-32　对哪几类现象牛顿物理学是不正确的？为什么经过这样长的时间才发现这些例外？

解　在物体高速（超光速）运动时牛顿力学不适用，微观世界也不适用。因为在牛顿定律被发现的时候科学还不够发达，人们还未能深入了解高速物体和微观世界的运动规律。

1-33　说出对牛顿物理学不适用的情况，给出正确预言的三个理论。

解　(1)物体高速运动时，物体的质量会减小。$\left(m=m_0/\sqrt{1-\dfrac{v^2}{c^2}}\right)$

(2)在微观领域，每个粒子都有波动性和粒子性。（经典力学只是对其中一种性质的描述，但是对于一个粒子，两种性质缺一不可，所以牛顿物理学不适用）

(3)质能方程：$E=mc^2$。

1-34　给出至少一个论据，说明牛顿世界观是对现实的一个正确看法。再至少给出一个反面论据。你怎么看？为什么？列出牛顿世界观在过去或现在影响我们的文化的几个方面。

解　正面论据：惯性物理学。反面论据：每个物理系统完全可以预测。

自己的看法略。

牛顿世界观已经潜移默化地影响了我们每一个人,他的惯性物理学被广为接受。

1－35 列出至少三个对地球的运动有可检测到的引力效应的天体。

解 月亮、火星、金星等。

1－36 为什么说海王星的发现是理论指导实践的精彩例证,是万有引力理论的生动范例?

解 由于天王星的轨道有偏差使大家对万有引力产生了怀疑,而预测天王星外存在的海王星对天王星轨道有一定的影响,可以矫正偏差,说明海王星是存在的,万有引力也是正确的。所以说海王星的发现是理论指导实践的精彩例证,是万有引力理论的生动范例。

1－37 查询各种资料,对比教材阐述潮汐现象成因。

解 教材:潮汐现象是由于太阳和月球对地球的引力效应引起的,但起主要作用的是月球对整个地球的引力效应。根据万有引力定律,太阳对地球的直接引力约为月球对地球引力的175倍,那么为什么太阳的引力效应反比月球的引力效应要小呢?这是因为潮汐现象是由于地球两面的海水所受的引力的差异造成的,而月球造成的这种差异比太阳造成的差异大得多。

资料:月球引力和太阳引力的合力是引起海水涨落的引潮力。因月球距地球比太阳近,月球与太阳引潮力之比为11∶5,对海洋而言,月球潮比太阳潮显著。

五、练习题

1－1 开普勒行星运动三定律分别为________定律、________定律,________定律,其中第二定律的内容为________________________________。

1－2 万有引力定律适用于两个________之间引力大小的计算,任意形状的两个物体之间的引力可利用________原理和________方法计算。

1－3 能量守恒定律可以表述为____,能量守恒定律揭示了各种运动形式的________和________。

1－4 花样滑冰运动员在冰面上旋转时,突然收回双臂以使自己多转几圈,是利用了________定律,应用这一定律的条件是________________________。

1－5 已知地球的半径为R,质量为M。有一个质量为m的物体,在离地面高度为$2R$处。若以地球和物体为系统,地面为势能零点,则系统的引力势能为________(G为引力常数)。

1－6 由几个物体所组成的系统,系统动量守恒应满足的条件是(　　)。

A. 系统的内力和所受外力均为零

B. 系统仅在内力作用下，而不受外力作用或合外力为零

C. 系统一定没有摩擦力

D. 系统仅在保守力作用下，其他内力及外力均不做功

1－7　动量守恒定律、能量守恒定律和动量矩守恒定律适用的范围是(　　)。

A. 只是客观物体的运动　　　　B. 自然界一切物质的运动

C. 一定是高速运动的微观粒子　D. 一定是运动速度不大的实物粒子

1－8　如图所示，质量为 m 的小球沿光滑的弯曲轨道及圆环滑行，已知圆环的半径为 R，小球起滑点 A 离地面高度 $H=2R$，则小球将在圆环中离地面高为 h 的某点 B 脱离轨道，其 h 值应为多少？

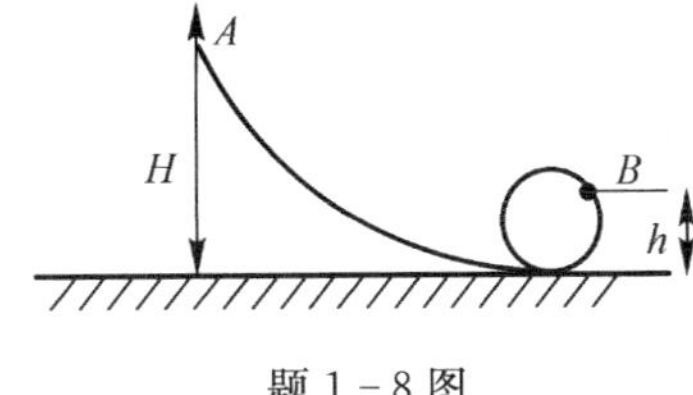

题 1－8 图

1－9　如图，一人沿水平地面拉一质量 $m=200$ kg 的小车匀速前进，小车与地面的磨擦系数 $\mu=0.20$，人对小车的拉力 $\boldsymbol{F}$ 的方向与水平方向的夹角 $\theta=30°$，若小车前进 100 m，求人对小车的拉力所做的功为多少？

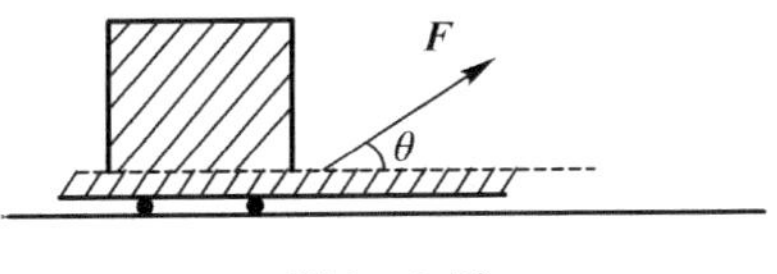

题 1－9 图

1－10　质量 $m=60$ kg 的人，以 $v_1=8$ m/s 的速度从后面跳上一辆沿光滑平面运动的质量 $M=200$ kg、速度 $v_2=2$ m/s 的小车，试问小车的速度将变为多大？如果从迎面跳上小车，又将怎样？

1－11　如图所示，一轻绳系一质量为 m 的小球在竖直平面内绕定点 O 作半径为 R 的圆周运动。当小球位于 C 点时，小球的速度 $\boldsymbol{v}_C$ 和角度 θ 均为已知，求

(1)小球运动到 C 点处的向心力和绳中的张力；

(2)在小球恰能完成圆周运动的情况下,它在最高点 A 处所具有的速率。

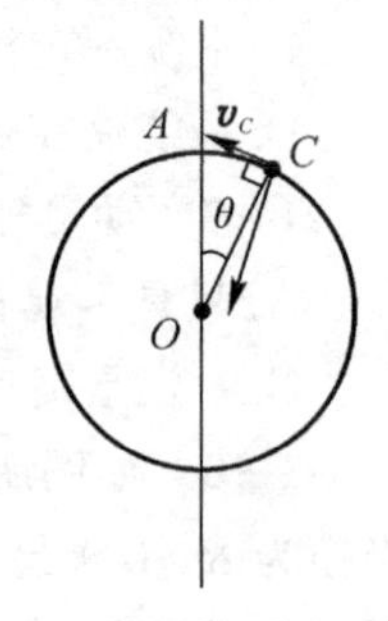

题 1-11 图

1-12 简述牛顿建立万有引力定律的基本线索以及该定律运用于天文学的辉煌例证。

1-13 能量的概念是如何发展、形成的?试简述之。

1-14 质量、动能、势能、功、动量、冲量中与参照系的选取有关的物理量有哪些?

第 2 章　对称性与守恒定律

一、基本要求

1. 掌握动量定理，角动量定理。

2. 掌握动能定理和机械能守恒定律。

3. 理解保守力、势能。

4. 了解三个宇宙速度、人类航天事业的发展。

5. 了解刚体的定轴转动、刚体的定轴转动基本方程、转动惯量。

6. 了解宇宙(自然界和人类社会)中存在的广泛的对称性；理解对称性的普遍定义。

7. 理解对称性原理与自然规律的关系。

8. 了解对称性的分类，并理解空间平移对称、转动对称、镜像对称、空间反演对称等常用的时空对称性。

9. 掌握物理定律的对称性，掌握空间均匀性(空间平移不变性)对应动量守恒定律、空间各向同性(空间转动不变性)对应角动量守恒定律、时间均匀性(时间平移对称性)对应能量守恒定律、空间反演对称性对应宇称守恒定律。

10. 理解对称性对应物理规律的重大意义。

11. 理解对称性原理对物理学发展的指导作用。

12. 理解对称性原理是基本规律之上更高层次的法则。

二、基本内容

1. 动量定理和动量守恒定律。

2. 角动量定理和角动量守恒定律。

3. 动能定理和机械能守恒定律。

4. 刚体定轴转动及其方程。

5. 转动惯量。

6. 三个宇宙速度。

7. 宇宙中广泛的对称性：对称性，空间平移对称，转动对称，镜像对称，空间反演对称。

8. 物理定律的对称性：空间均匀性——动量守恒定律，空间各向同性——角动量守恒定律，时间均匀性——能量守恒定律，空间反演对称性——宇称守恒定律，量子力学相移对称性——电荷守恒定律。

9. 对称性原理的意义：对称性原理——物质世界最高层次的规律，对称性原理在物理学发展中的指导作用，20 世纪扩大了对称性的作用。

三、基本内容概述

（一）对称性

物质世界中的对称性和人类的早期认识。

雨滴落在水面上荡起的波纹、冬天飘落的雪花、春天盛开的花朵、天空中翱翔的雄鹰都具有某种形式的对称性，这表明自然界中的对称性无处不在。半坡彩陶盆中的人面鱼纹图案、北京的天坛、美丽的中国结、充满韵律的诗歌同样也具有对称性，这表明对称的概念已经渗透到人类生产和生活的各个方面。

（二）对称性的普遍定义

1951 年，德国数学家魏尔提出了对称性的普遍定义：如果一个操作使系统从一个状态变到另一个与之等价的状态，或者说，状态在此操作下不变，我们就说系统对于这一操作是对称的，而这个操作就叫做该系统的一个对称操作。

（三）对称性的分类及常用的时空对称性

对称性分两大类：系统或具体事物的对称性和物理规律的对称性。

常用的时空对称性有平移对称、转动对称、镜像对称、空间反演、标度变换、时间平移、时间反演。

（四）物理定律的对称性

物理定律的对称性是指经过一定的对称操作后，物理定律的形式保持不变。

存在一种对称性就必定存在一条相应的物理守恒定律，反之若存在一条物理守恒定律就必定能找到一种对称性与之对应。

时间均匀性和能量守恒定律对应；空间均匀性和动量守恒定律对应；空间各向同性和角动量守恒定律对应。

（五）对称性原理

皮埃尔·居里提出的对称性原理：原因中的对称性必反映在结果中，即结果中的对称性至少有原因中的对称性那样多；或者反过来应该说：结果中的不对称性必在原因中有反映，即原因中的不对称性至少有结果中的不对称性那样多。

（六）对称性是基本规律之上更高层次的法则

物理规律有层次高低之分，形式越简单的规律，适用范围越广，层次也越高。对称性的适用范围最广，所以对称性是统治物理规律的规律。

(七) 对称性原理在物理学的发展中起着重要的指导作用

如电磁感应(电生磁和磁生电),物质的波粒二象性(光的粒子性和微观粒子的波动性)。

(八) 20 世纪扩大了对称性的作用

对称性在原子物理、量子力学、元素周期表、反粒子的预言与发现等方面都起到了重要作用。

四、习题解答

2-1　一人造地球卫星到地球中心 O 的最大距离和最小距离分别是 R_A 和 R_B。设卫星对应的角动量分别是 L_A、L_B,动能分别是 E_{kA}、E_{kB},则应有(　　)。

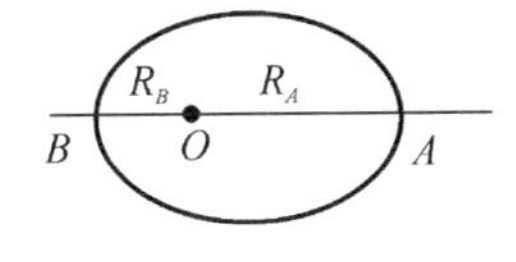

习题 2-1 图

A. $L_B > L_A, E_{kA} > E_{kB}$

B. $L_B > L_A, E_{kA} = E_{kB}$

C. $L_B = L_A, E_{kA} = E_{kB}$

D. $L_B = L_A, E_{kA} < E_{kB}$

解　答案 D。如认为人造地球卫星在运动中仅受地球引力,这个引力始终通过地球中心。由动量定理 $\int_{t_1}^{t_2} \boldsymbol{M} \mathrm{d}t = \boldsymbol{L}_2 - \boldsymbol{L}_1$,知合外力矩 $\boldsymbol{M}=0$ 时,$\boldsymbol{L}=\boldsymbol{r}\times m\boldsymbol{v}=$恒矢量。

对于地心来说,卫星受力矩为 0。所以,人造地球卫星在运动中,对地心的角动量守恒,即质点在有心力作用下,对心力的角动量守恒 $L_A = R_A m v_A = R_B m v_B = L_B$。所以,$L_B = L_A$。

动能 $E_k = GMm/2r$,可见,卫星的动能与轨道半径成反比。由于 $R_A > R_B$,故 $E_{kA} < E_{kB}$,所以选 D。

2-2　一力学系统由两个质点组成,它们之间只有引力作用。若两质点所受外力的矢量和为零,则此系统(　　)。

A. 动量、机械能以及对一轴的角动量守恒

B. 动量、机械能守恒,但角动量是否守恒不能断定

C. 动量守恒,但机械能和角动量守恒与否不能断定

D. 动量和角动量守恒,但机械能是否守恒不能断定

解　答案 C。外力矢量和为 0,系统动量守恒;

角动量则不一定,如两个平行不在一直线的等大反向外力,它会使质点旋转,角动量增大或者减小;

两质点所受外力的矢量和为零,但有可能存在摩擦,使机械能转化为内能,机械能就不守恒了。内力有可能做功,故机械能不一定守恒,如炸药爆炸。

所以选 C。

2－3 质量为 m 的一艘宇宙飞船关闭发动机返回地球时，可认为该飞船只在地球的引力场中运动。已知地球质量为 m_0，万有引力恒量为 G，则当它从距地球中心 R_1 处下降到 R_2 处时，飞船增加的动能应等于（　　）。

A. $\dfrac{Gm_0m}{R_2}$　　　　B. $Gm_0m\dfrac{R_1-R_2}{R_1R_2}$

C. $Gm_0m\dfrac{R_1-R_2}{R_1^{\ 2}}$　　　　D. $Gm_0m\dfrac{R_1-R_2}{R_1^{\ 2}R_2^{\ 2}}$

解 答案 B。$A_{保}=\int_b^a \boldsymbol{F}_{保}\,\mathrm{d}\boldsymbol{r}=E_{pa}-E_{pb}=\Delta E_k$

$$\Delta E_k=-\frac{Gm_0m}{R_1}-\left(\frac{Gm_0m}{R_2}\right)$$
$$=Gm_0m\frac{R_1-R_2}{R_1R_2}$$

所以选 B。

2－4 某质点在力 $\boldsymbol{F}=(4+5x)\boldsymbol{i}$ (SI 单位)的作用下沿 x 轴做直线运动，在从 $x=0$ 移动到 $x=10$ m 的过程中，力 $\boldsymbol{F}$ 所做的功为______。

解 $\int_0^{10} F\cdot \mathrm{d}x=\int_0^{10}(4+5x)\cdot \mathrm{d}x=209\ \mathrm{J}$

2－5 一水平的匀质圆盘，可绕通过盘心的竖直光滑固定轴自由转动。圆盘质量为 m_0，半径为 R，对轴的转动惯量 $J=\dfrac{1}{2}m_0R^2$。当圆盘以角速度 ω_0 转动时，有一质量为 m 的子弹沿盘的直径方向射入且嵌在盘的边缘上。子弹射入后，圆盘的角速度 $\omega=$______。

解 子弹与圆盘组成的系统所受合外力矩为零，系统角动量守恒，有

$$I\omega_0=I\omega+Rmv$$
$$\frac{1}{2}m_0R^2\omega_0=\frac{1}{2}m_0R^2\omega+mR^2\omega$$

故：
$$\omega=\frac{m_0\omega_0}{m_0+2m}$$

2－6 如图所示，滑块 A、重物 B 和滑轮 C 的质量分别为 m_A、m_B 和 m_C，滑轮的半径为 R，滑轮对轴的转动惯量 $J=\dfrac{1}{2}m_CR^2$。滑块 A 与桌面间、滑轮与轴承之间均无摩擦，绳的质量可不计，绳与滑轮之间无相对滑动。滑块 A 的加速度 $a=$________。

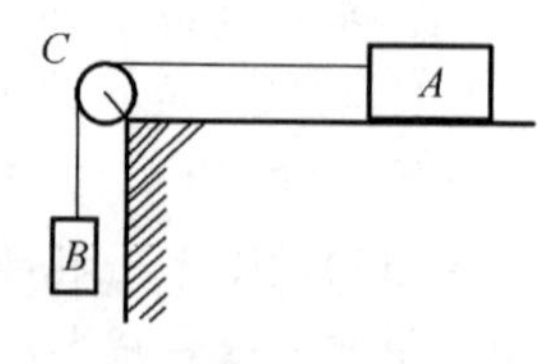

习题 2－6 图

解　由转动定律得：

$T_BR-T_AR=J\beta$　(1)

$G_B-T_B=m_Ba$　(2)

$T_A=m_Aa$　(3)

$a=R\alpha$　(4)

4 个方程,4 个未知量:T_A、T_B、a、α。求解 4 个方程,得

$$a=\frac{2m_Bg}{2(m_A+m_B)+m_C}$$

2-7　物体所受冲力 F 与时间的图线如图所示,则该曲线与横坐标 t 所围成的面积表示物体在 t_2-t_1 时间所受的________。

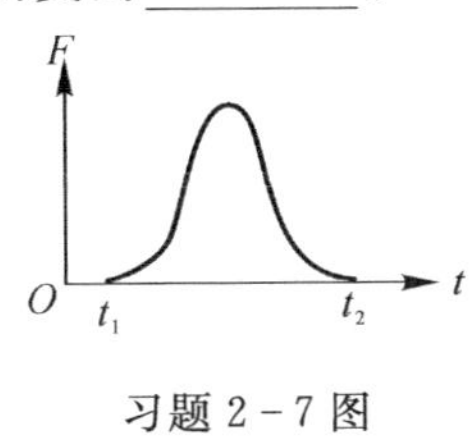

习题 2-7 图

解　冲量 $I=\int F\cdot \mathrm{d}t$,曲线与横坐标 t 所围成的面积即为冲力 F 与时间的乘积,即冲量。

2-8　有人说:角动量守恒是针对同一转轴而言的,试判断此说法正确性:________。

解　正确。

角动量守恒定义:质点系不受外力作用或所受全部外力对某定点或定轴的主矩始终等于零时,则质点系对该点或该轴的角动量保持不变,又称角动量守恒。

2-9　一个圆柱体质量为 m_0,半径为 R,可绕固定的通过其中心轴线的光滑轴转动,原来处于静止。现有一质量为 m、速度为 v 的子弹,沿圆周切线方向射入圆柱体边缘。子弹嵌入圆柱体后的瞬间,圆柱体与子弹一起转动的角速度________。(已知圆柱体绕固定轴的转动惯量 $J=\frac{1}{2}m_0R^2$)。

解　根据角动量守恒定律:

$$L=r\times mv=J\omega$$

得

$$mvR=\left(\frac{1}{2}m_0R^2+mR^2\right)\omega$$

解得

$$\omega=\frac{2mv}{(m_0+2m)R}$$

2-10 长为 l 的匀质细杆，可绕过杆的一端 O 点的水平光滑固定轴转动，开始时静止于竖直位置。紧挨 O 点悬一单摆，轻质摆线的长度也是 l，摆球质量为 m。若单摆从水平位置由静止开始自由摆下，且摆球与细杆作完全弹性碰撞，碰撞后摆球正好静止。求：(1) 细杆的质量；(2) 细杆摆起的最大角度。

解 (1)设细杆的质量 m_0 单摆下落过程机械能守恒：

$$\frac{1}{2}mv^2=m_0gl \quad \Rightarrow \quad v=\sqrt{2gl}$$

碰撞过程角动量守恒：

$$mvl=\frac{1}{3}m_0l^2\omega$$

碰撞过程能量守恒：

$$\frac{1}{2}mv^2=\frac{1}{2}\times\frac{1}{3}m_0l^2\cdot\omega^2$$

$$mv^2=\frac{1}{3}Ml^2\cdot\omega^2=mvl\omega$$

$$v=l\omega$$

则细杆的质量： $m_0=3m$

(2)细杆摆动过程机械能守恒：

$$\frac{1}{2}\times\frac{1}{3}m_0l^2\cdot\omega^2=Mg\times\frac{1}{2}l(1-\cos\theta)$$

$$\frac{1}{2}\times\frac{1}{3}m_0l^2\cdot\omega^2=m_0g\times\frac{1}{2}l(1-\cos\theta)=\frac{1}{2}mv^2=mgl$$

$$\cos\theta=\frac{1}{3} \quad \Rightarrow \quad \theta=\arccos\frac{1}{3}$$

2-11 一颗子弹在枪管里前进时所受的合力大小为 $F=400-\frac{4\times10^5}{3}t$ (SI 单位)，子弹从枪口射出时的速率为 300 $\mathrm{m\cdot s^{-1}}$，假设子弹离开枪口时的合力刚好为零，则：(1)子弹走完枪管全长所用的时间 $t=$______s；(2)子弹在枪筒中所受力的冲量 $I=$______N·s。

解 (1)$F=400-\frac{4\times10^5}{3}t=0 \quad \Rightarrow \quad t=\frac{3\times400}{4\times10^5}=0.003\ \mathrm{s}$

(2) $I=\int_0^{0.03}F\mathrm{d}t=\int_0^{0.003}\left(400-\frac{4\times10^5}{3}t\right)\mathrm{d}t=400t-\frac{4\times10^5t^2}{2\times3}\Big|_0^{0.003}=0.6\ \mathrm{N\cdot s}$

2-12 如图所示，一个质量为 m 的物体与绕在定滑轮上的绳子相连。绳子质量可以忽略，它与定滑轮之间无滑动。假设定滑轮质量为 m_0，半径为 R，其转动惯量为$\frac{1}{2}m_0R^2$，滑轮轴光滑，试求：(1)物体自静止下落的过程中，下落速度与时间的关系;(2)绳的拉力。

解　隔离圆柱体和物体,分析受力情况,建立方程

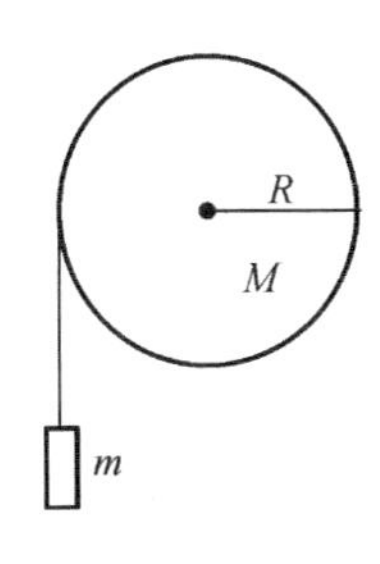

习题 2-12 图

$$mg-T=ma$$
$$TR=J\beta$$
$$a=R\beta$$

因此 (1)$a=\dfrac{mgR^2}{(mR^2+J)}=\dfrac{2mg}{2m+m_0}$

$$v=at=\frac{2mg}{2m+m_0}t$$

(2) 绳的拉力 $T=m(g-a)$

2-13　什么叫宇称?宇称的概念是怎样引进的?何为偶宇称?何为奇宇称?

解　我们过去在物理学中所发现的运动规律都是左右对称的。也就是说粒子的运动规律和它在镜中的像所满足的运动规律是相同的。基于这一事实,维格纳最早提出了宇称的概念,也称为运动的奇偶性概念。宇称是用来描述物体的运动状态和它在镜子里的像的运动状态是否相同的一个物理量。所谓宇称就是与空间反演操作相对应的守恒量。

对于一个物体的某一状态,它的镜像和本身的关系只可能有两种情况。一种是它的镜像和它本身完全一样,这样的系统(实际上是指处于某一状态的粒子),我们就说它具有偶宇称,或说正宇称。另一种情况是它的镜像和它本身有左右之分,而不能完全重合,如右手的镜像成为左手,左手的镜像成为右手,就是这种情况。这样的系统我们就说它具有奇宇称,或说负宇称。

2-14　何为对称性?对称性分为哪几类?常见的对称操作有哪些?各举例说明。

解　对称性的普遍的严格意义是德国数学家魏尔(H. Weyl)于 1951 年提出的:对某一体系进行一次变化或操作。如果经此操作后,该体系完全复原,则称该体系对所经历的操作是对称的,而该操作就叫做对称操作。其中,“体系”是指我们所讨论的对象,也称做“系统”,“变换”是指体系从一个状态变到另一个状态的过程,也称为“操作”。

物理学中几种常见的对称性操作有空间平移、空间转动以及时间平移等。以物理实验为例,空间平移对称是指任意给定的物理实验或物理现象的发展变化过程,是和此实验所在的空间位置无关的,亦即换一个地方做实验,其进展过程也完全一样;空间转动对称是指任意给定物理实验的发展过程和此实验所在的空间的取向无关,亦即把实验装置转换一个方向,并不影响实验的进展过程;时间平移对称是指任意给定物理实验的发展过程和此实验开始的时间无关,亦即早些开始做,还是迟些开始做,甚至现在开始做,此实验的进展过程也是完全一样的。

在物理学中讨论的对称性问题，将对称性区分为两大类。一类是某个系统或某件具体事物的对称性，另一类是物理定律的对称性。由两质点组成的系统具有轴对称性，属于前者；牛顿定律具有伽利略变换不变性，则属于后者。

2-15 说明对称性原理的意义，叙述一些物理守恒定律与客观世界对称性之间的联系。

解 对称性原理是法国物理学家皮埃尔·居里(Pierre Curie，1859—1906)在分析了大量涉及对称性的因果关系后提出来的，内容为：原因中的对称性必反映在结果中，即结果中的对称性至少有原因中的对称性那样多。反过来说，结果中的不对称性必在原因中有所反映，即原因中的不对称性至少有结果中的不对称性那样多。

对于一个物理系统来说，它的历史、环境以及所服从的运动定律是原因，状态的演化是结果，对称性原理告诉我们：历史、环境条件以及运动定律的对称性必然反映到演化后的状态里。对称性原理是自然界的普遍原理，它的适用范围不仅仅局限于数学和物理学领域，而且可以应用到化学、生物学甚至经济学和社会学之中。

物理守恒定律是客观世界对称性的反映。如一个系统的拉格朗日函数代表着系统本身的性质，如果世界是对称的(比如空间对称)，那么系统平移之后，拉格朗日函数不变。利用这点，采取变分原理，就可以得出动量守恒(推导过程就不细说了)；同理，旋转对称性可以推出角动量守恒，时间对称可以推出能量守恒等。即系统具有空间平移对称性，系统的动量守恒；系统具有空间转动对称性，系统的角动量守恒；系统具有时间平移对称性，系统的能量守恒。

2-16 怎样理解物理定律的对称性？为什么说物理守恒定律是客观物质世界对称性的反映？

解 物理定律的对称性是指经过一定的对称操作(变换)后，物理定律的形式保持不变，也就是说，物理定律在某种对称操作下具有不变性，因此物理定律的对称性又叫不变性。例如，在伽利略变换下，牛顿定律是不变的。物理定律的对称性与空间平移对称性、时间平移对称性、空间转动对称性、镜像对称性等密切相关。

(1) 物理定律的空间平移不变性：在空间某处做一个物理实验，然后将该套实验仪器(连同影响实验的一切外部因素)平移到另一处，给予同样的起始条件，实验将会以完全相同的形式进行，这就是物理定律的空间平移不变性，又叫空间的均匀性。

(2) 物理定律时间平移不变性：一个实验只要不改变原始的条件和所使用的仪器，不管是今天去做还是明天去做，都会得到相同的结果。这事实称为物理定律的时间平移不变性，又称为时间的均匀性。

(3) 物理定律的空间转动不变性：物理实验仪器不管在空间如何转向，只要实验条件相同，物理实验就会以完全相同的方式进行，其物理实体在空间所有方向上都是相同的，这称为物理定律的空间转动不变性，又叫空间的各向同性。

（4）物理定律的镜像不变性：假定一只钟在滴答滴答地走着，现在从一面镜子中来看这只钟，镜子中出现一只与原来钟左右对调过来的钟。设能实际制造出同镜子中钟的像完全相同的一只钟，这样就制成了两只实际存在的钟，而且一只钟是另一只钟的“像”。如果两只钟发条上得一样紧，并在相同的条件下开始走动。那么事实会证明这两只钟将永远以相同的速率走动，亦即它们遵从相同的力学定律。

物理定律的对称性有着深刻的含义。通常我们从运动方程出发讨论守恒律，然后说明对称性。而在理论物理中，往往以对称性为出发点。1905年人们理解了麦克斯韦方程中的对称性，1909年爱因斯坦就设想：“为什么我们不能将这样的过程倒过来，为什么我们不能从对称性出发建立符合对称性原则的基本方程，并由此得到和方程符合的实验结果？”1954年杨-米尔斯（Yang-Mills）提出的非阿贝耳规范对称理论就是这方面的典范。

物理守恒定律是客观世界对称性的反映。实践证明，存在一种对称性就存在一条相应的物理守恒定律；反之，若存在一条物理守恒定律，就必定能找到一种对称性与之对应。它们相当于表达自然界图像的两种不同方法，同时又可以起到互相补充的作用，它们共同丰富了我们对自然界的认识。如一个系统的拉格朗日函数代表着系统本身的性质，如果世界是对称的（比如空间对称），那么系统平移之后，拉格朗日函数不变。利用这点，采取变分原理，就可以得出动量守恒（推导过程就不细说了）；同理，旋转对称性可以推出角动量守恒，时间对称可以推出能量守恒等。即系统具有空间平移对称性，系统的动量守恒；系统具有空间转动对称性，系统的角动量守恒；系统具有时间平移对称性，系统的能量守恒。

2－17　为什么说对称性原理是物质世界最高层次的规律？

解　物理学领域有许多定理、定律和法则，但其地位并不相同，而有层次的高低之分。像力学中的胡克定律、热学中的理想气体状态方程、电学中的欧姆定律等，都是经验性的，仅对某些物质在一定的范围内适用。比如胡克定律仅适用于能整体均匀形变的物体，而且必须在弹性限度之内，如一张桌子的局部受力，就不能用胡克定律；又如对实际气体，理想气体的状态方程也不适用了。因此这些都是较低层次的规律，统率整个经典力学的是牛顿定律；统率整个电磁学的是麦克斯韦方程组。它们是适于用物理学的某个领域的基本规律，比如超过弹性限度，胡克定律不适用了，但牛顿定律仍然适用。力学中的牛顿定律，电磁学中的麦克斯韦方程组等，这些规律的层次要高得多。

而对称性原理是凌驾于这些基本规律之上的适用范围更广泛的更高层次的法则。例如牛顿力学仍有局限性，但由牛顿力学得出的守恒定律，却比牛顿力学本身的应用范围广泛得多，它比牛顿力学有着更深厚的基础。守恒定律与宇宙中某种对称性相联系，对称性原理是统治物理规律的规律，对称性是基本规律之上更高层次的法则。

2－18 人类是怎样逐渐认识对称性并把对称性的概念广泛应用于建筑、雕塑等领域中的？

解 随着人类对对称结构印象的逐渐加深，越过早起的认识阶段，对称的概念被逐渐抽象出来。随着文明的发展，人类对各种对称结构由最初感到好看、满意发展到有一种对称美的感受，对称的概念逐渐渗透到人类生产和生活的各个方面，对称的应用也逐渐扩展到人类活动的各个领域。西安半坡遗址出土的大约6000年前仰韶文化时期的陶器上，绘有很多优美的对称图案，显示出当时人们对对称形式之美的深刻理解。说明远古时期的人类就已经喜欢和懂得用一些绘制优美的对称花纹图案给人以形象美的感受。当今世界上人们应用对称概念精心设计给人以美感的形体随处可见。如汽车、火车、飞机的形体都是对称的；大型的建筑，如北京故宫的每座宫殿都以中线左右对称，整个故宫建筑群也基本上是以南北走向的中线对称分布的。西安的大雁塔、小雁塔、钟楼、鼓楼无不具有对称性。这些对称性的建筑，给人以雄伟、庄严、肃穆、整齐、优美的感觉。

2－19 利用对称性原理论证：无限长均匀带电直线周围的电场在垂直于带电直线的平面内呈径向对称分布。

解

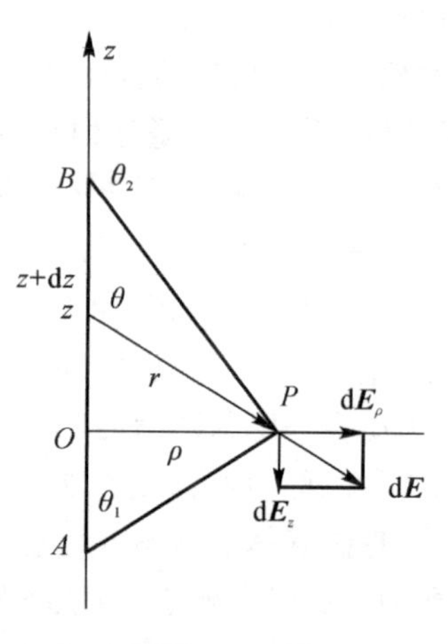

习题2－19图

经计算得
$$E=\frac{\lambda}{4\pi\varepsilon_0\rho\sqrt{2-2\cos(\theta_1-\theta_2)}}$$

E 的大小只与 ρ 及 θ_1、θ_2 有关，而与 θ 无关；E 的方向只与 θ_1、θ_2 有关，而与 ρ 及 θ 无关。这说明在 $z=0$ 平面上，以 O 为圆心半径为 ρ 的圆周上各点 E 的大小相等，方向与 z 轴正方向的夹角相同。E 分布关于 z 轴对称。由于 z 轴的原点可以根据场点的位置来设定，而且 $E=E(\rho,\varphi,z)=E(\rho,z)$ 与 φ 无关，在包含带电直线的所有平面内电场强度分布相同，因此有限长均匀带电直线（带电直线上各点除外）的电场强度分布关于 z 轴对称。即其电场分布具有轴对称性。

2-20　利用对称性原理论证：无限长载流密绕螺线管（截面形状可以任意）其管内任何一点磁场方向与轴平行。

解　经计算

$$B_r = B_r(r) = 0\text{，即}$$

$$B_r = B_z(r)k$$

由此可知，无限长载流密绕螺线管 B 的方向只可能与螺线管轴线平行。

2-21　宋朝大诗人苏轼的一首回文诗《题金山寺》是这样写的：

潮随暗浪雪山倾，远浦渔舟钓月明。
桥对寺门松径小，槛当泉眼石波清。
迢迢绿树江天晓，蔼蔼红霞晚日晴。
遥望四边云接水，碧峰千点数鸥轻。

试分析这首诗所具有的对称性。

解　正读是：

潮随暗浪雪山倾，远浦渔舟钓月明。桥对寺门松径小，槛当泉眼石波清。

迢迢绿树江天晓，霭霭红霞晚日晴。遥望四边云接水，碧峰千点数鸥轻。

不难看出，把它倒转过来，仍然是一首完整的七律诗：

倒过来读是：

轻鸥数点千峰碧，水接云边四望遥。晴日晚霞红霭霭，晓天江树绿迢迢。

清波石眼泉当槛，小径松门寺对桥。明月钓舟渔浦远，倾山雪浪暗随潮。

这首回文诗无论是顺读或倒读，都是情景交融、清新可读的好诗。这首诗通过山水、渔舟、远树、红霞、晚日、明月等景物，构成一幅清新的金山寺美景图。如从诗的最后一句倒回去读："轻鸥数点千峰碧"……一直读到句首"倾山雪浪暗随潮"，仍能勾勒出一幅令人向往的金山寺胜景图。

2-22　试述对称概念在量子物理中的作用。

解　在量子力学建立之后，对称性的作用越来越广泛，对称性的重要性越来越明显，从讨论物理对象的对称性出发，可以得到许多很有意义的结果。在量子力学中，动力学系统的态是用指明态的对称性质的量子数标记的，随后还出现了选择定则，它支配着在各态之间跃迁时量子数的变化。但这些最初是通过经验发现的，对它们的意义并不理解，只是在量子力学建立后，借助于对称概念才变得一目了然。所以在开始发展量子力学的 1925 年之后，对称才开始渗入原子物理学的语言中。后来，随着对核现象和基本粒子现象研究的深入，对称也逐渐渗入到了这些新领域的语言中。对称在量子物理学中的作用之所以能够大大扩展，主要是因为表达量子力学的数学形式是线性的，量子力学中存在着叠加原理。这样，在量子力学中，不仅像经典力学中那样，圆形轨道具有对称性，而且对于椭圆轨道，由于有叠加原理，人们可在与圆形轨道对称等价的立足点上讨论椭圆轨道的对称性。

2－23 人造地球卫星，绕地球作椭圆运动(地球位于椭圆的一个焦点上)，则卫星(　　)。

A. 动量不守恒，动能守恒　　B. 动量守恒，动能不守恒

C. 角动量守恒，动能不守恒　　D. 角动量不守恒，动能守恒

解 答案C。动能、引力势能之和是守恒的。

动量守恒条件为合外力为零。显然卫星受到外力，合力不为零，因此动量不守恒。

同时，动能也不守恒。

角动量守恒，要求合力矩为零，满足要求。

所以选C。

2－24 用一只手在一木质桌面上来回摩擦30 s，用另一只手比较桌面受摩擦的部分与其他部分的温度。在微观层面上发生了什么？

解 摩擦生热是通过克服摩擦做功将机械能转化为内能。

2－25 能量意识监测 。注意你一天当中使用能量的各种方式。列出直接用途，如驾车旅行、取暖设备和电器等。再列出关于间接用途的第二张表，如耗能多的食物(冷冻食品、肉类)、包装和不可再生物品等。描述每个项目使用能量的方式(例如，冷冻食品在生产、包装、冷藏和运输等过程都要用到能量)。

解 新陈代谢：人体在生命活动过程中，一切生命活动都需要能量，如物质代谢的合成反应、肌肉收缩、腺体分泌，等等。而这些能量主要来源于食物。动、植物性食物中所含的营养素可分为五大类：碳水化合物、脂肪、蛋白质、矿物质和维生素，加上水则为六大类。其中，碳水化合物、脂肪和蛋白质经体内氧化可释放能量。

照射太阳光：太阳能。

取暖：热能。

乘车：动能。

风力发电：机械能转为电能。

2－26 讨论有没有办法降低你的能量消费同时不降低你的生活质量？有没有办法让你或社会减少能量消费同时还能提高生活质量？

解 检查绝缘效果和热量状况是家中节约能源的两种途径。

(1) 检查通风装置。在普通家庭中，接近20％的热量是通过门窗和地板未封闭的开口流失的。进行检查的时候，只要将一只手或者一根点燃的蜡烛对着门窗就可以了。如果感觉到有冷空气进来，说明热量在流失。就像你的母亲经常说的，

“为什么要给房子外面加热?”修理工作非常简单,在所有门窗上安装密封条。将门窗或地板的所有裂缝都用填充物或密封剂填满。在拯救地球的同时,你每年可以节约数千元的加热费用。

(2) 温度控制。将温度降低 1 ℃可以使能量消耗降低超过 5%,而降低 1 ℃人体基本上感觉不到太大差别。同时,不要为没有人使用的房间加热。这样可以节约账单上的资金。

(3) 关掉不使用的设备。你应该关掉任何不使用的设备。包括离开房间的时候要关灯。不要使用家电上的“待机”功能。加利福尼亚能源委员会表示,设置在“待机”状态的电子设备仍然在耗电,而且占家中浪费能源的 35%。

(4)热水。你的热水器不需要设置在 60 ℃以上。如果高于这个数值,热水器会自动向其中注入冷水进行冷却,这就造成了浪费。

(5) 使用洗衣机不要浪费。当洗衣机装满时才开动。如果要洗少量衣服,确保使用“经济”或“半量”设置。转筒式烘干机会消耗大量能源,所以,为什么不将衣服晒在晾衣绳上呢? 这对你的衣服和环境都更好。说到洗澡,淋浴比盆浴可以节约 50%的水和能源。

(6) 保温设备的安装。你家中多少的热量是从屋顶流失的。可以在阁楼安装保温材料来避免这一点。这不仅非常简单,而且是最高效的节约能源的方法。

(7) 合理购买。从照明灯泡到厨房设备,市场上有多种节约能源的设备。令人惊叹的是,这些节能设备比其他非节能设备可以节约 50%的能源。购买了节能设备后,确保使用的是节能模式。烧开水不要超过自己需要的数量,不要长时间打开冰箱门,不要忘记经常为冷藏室除冰,并且经常对热水器进行检查。如果使用节能灯泡的话,你可以节约更多能源。

2-27　八种不同形式的能量中哪一种是最早的人类文化基础? 哪一种是产业革命的基础?

解　最早的人类文化基础:热能、动能。

产业革命的基础:化学能、动能。

2-28　说出以下每种情况所具有的能量类型。一个人静止在滑梯顶部,一个人滑到滑梯底部,阳光,煤,热空气。

解　静止在滑梯顶部:重力势能。

滑到滑梯底部:动能、重力势能。

阳光:光能、热能。

煤:化学能。

热空气:热能、机械能。

2-29 说出下列每种情况所具有的主要能量类型:黄色炸药,在高坝后面静止的水,即将放箭的弓,火柴,食物。

解 黄色炸药:内能、化学能。

高坝后面静止的水:机械能。

即将放箭的弓:动能、势能。

火柴:化学能。

食物:化学能。

2-30 在你静坐时你的身体有动能吗,加以说明。

解 静坐时只是相对于参考系的相对静止,并不是绝对静止。动能不为零,即静止的物体也有动能。

2-31 你举起一块砖放到墙头。为了确定你做了多少功,你可能会测量哪些量?

解 砖的质量、举起的高度、移动的距离。

2-32 给出一个动能转化为势能的例子,一个动能转化为热能的例子,一个化学能转化为动能的例子。

解 动能转化为势能:竖直上抛小球。

动能转化为热能:冬天搓手取暖。

化学能转化为动能:炸药爆炸。

2-33 估计一个典型的三口之家一个月内消耗电能的度数。

解 电视机:160 W 一台,90 W 一台,平均每台每天工作 4 小时。

电脑:台式机 200 W 一台,笔记本 70 W 一台,平均每台每天工作 4 小时。

空调:1500 W 一台,平均每台每天工作 1 小时。

冰箱:200 W 一台,平均每台每天工作 8 小时。

电灯:共 100 W,每天工作 6 小时。

洗衣机:300 W 一台,每天工作 1 小时。

约 100～300 度。

五、练习题

2-1 1894 年,皮埃尔·居里提出的“对称性原理”为____。

2-2 根据标度变换对称性,画出这棵分形树下一步生长后的图形。谈谈你对这种标度变换对称性的体会。

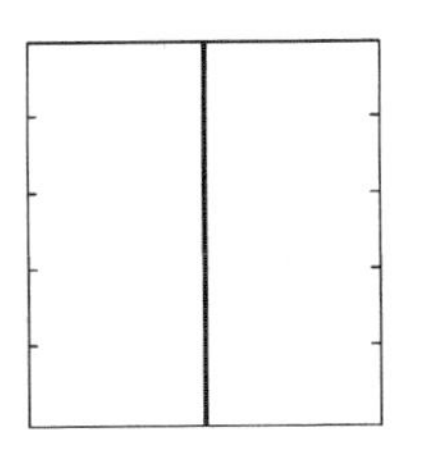
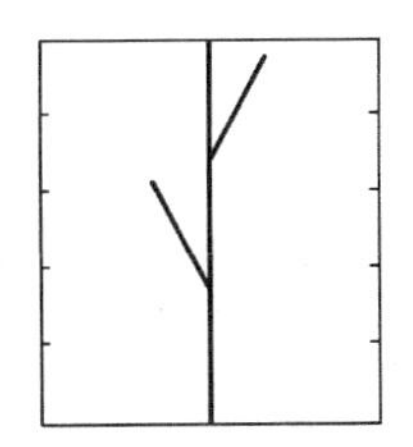

题 2-2 图

2-3　下面的图形表现出局部与整体之间的自相似性，我们把这种对称性称为________。

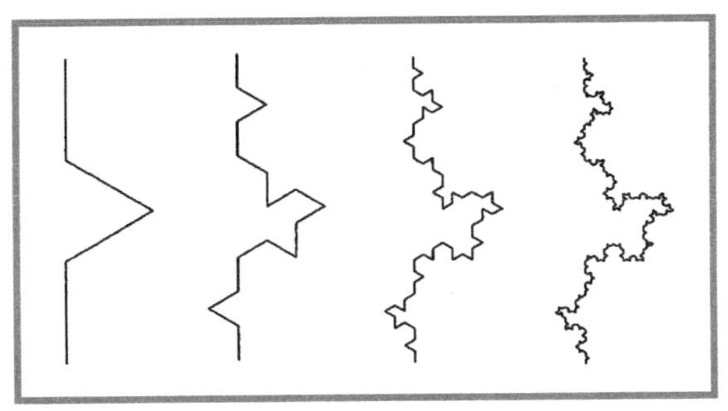

题 2-3 图

A. 标度变换对称性　　　　B. 相似对称性

C. 左右对称性　　　　D. 转动对称性

2-4　请叙述对称性是基本规律之上更高层次的法则。

2-5　请根据对称性完成最后一个等式。

$$1\times8+1=9$$
$$12\times8+2=98$$
$$123\times8+3=987$$
$$1234\times8+4=9876$$
$$12345\times8+5=98765$$
$$123456\times8+6=987654$$
$$1234567\times8+7=9876543$$
$$12345678\times8+8=98765432$$
$$123456789\times8+9=\underline{\qquad\qquad}$$

2-6　为什么说对称性原理在物理学的发展中起着重要的指导作用？

第 3 章　运动与时空

一、基本要求

1. 理解牛顿(经典)时空观的深刻含义及其相对性与绝对性。

2. 理解运动是绝对的和运动的相对性,理解经典速度合成律及其应用。

3. 理解伽利略的相对性原理,掌握伽利略变换,理解伽利略变换的时空观特征(同时性是绝对的,时间间隔是绝对的,杆长是绝对的,力学规律在一切惯性系中都是等价的)。

4. 了解牛顿力学的困难,理解狭义相对论的两条重要思想。

5. 理解相对论速度变换和光速是极限,掌握狭义相对论时空观(同时性的相对性、长度收缩、时间延缓),理解牛顿时空观与相对论时空观的区别和联系,理解时间和空间的内在联系和不可分割性。

6. 掌握质能关系式和静能、动能、总能量的概念及其关系。

二、基本内容

1. 牛顿(经典)时空观及其相对性与绝对性。

2. 运动的相对性,经典速度合成律。

3. 伽利略相对性原理,伽利略变换,伽利略变换包含的时空观特征。

4. 相对论的两条重要思想。

5. 狭义相对论时空观,同时性的相对性,空间长度的相对性(长度收缩),时间的相对性(时间延缓),高速运动物体的视觉形象相当于转动,洛仑兹变换——狭义相对论运动学的核心。

6. 相对论速度变换定律——光速是极限。

7. 质量的相对性,相对论动力学规律,质量的相对性质能关系——新时代的标志,静能、动量与总能量之间的关系。

三、基本内容概述

(一) 时空观

时空观是关于对时间和空间的物理性质的认识。

(二) 经典时空观的相对性

在经典时空观中，任何时空点都是相等的，物理规律相对于任何时空点都是一样的。

(三) 经典时空观的绝对性

在经典时空观中，时间、空间和物质客体三者彼此独立，相互无关，空间的延伸和时间的流逝都是绝对的。

(四) 绝对速度

物体相对于静止在地面的参考系的速度。

(五) 牵连速度

观察者相对于静止在地面的参考系的速度。

(六) 相对速度

物体相对于观察者的速度。

(七) 经典速度合成定律

绝对速度＝相对速度＋牵连速度，即：$\boldsymbol{v}=\boldsymbol{v}'+\boldsymbol{u}$

(八) 伽利略相对性原理

力学规律在所有惯性系中都是相同的，因此所有惯性系都是平权的、等价的。

(九) 伽利略变换

正变换：$x'=x-ut$　　反变换：$x=x'+ut$

$y'=y$　　$y=y'$

$z'=z$　　$z=z'$

$t'=t$　　$t=t'$

(十) 伽利略变换的时空观特征

1. 同时性是绝对的。

2. 时间间隔是绝对的。

3. 杆长是绝对的。

4. 力学规律在一切惯性系中都是等价的。

(十一) 相对论的两条重要思想

1. 牛顿力学遇到的困难，伽利略变换的困难，迈克耳孙-莫雷实验的零结果。

2. 狭义相对论的两条重要思想。光速不变原理：在所有的惯性系中，光在真空中的传播速率具有相同的值；相对性原理：一切物理规律在所有惯性系中具有相同的形式。

3. 爱因斯坦相对性原理是牛顿力学相对性原理的发展；而光速不变原理与伽利略的速度合成定理针锋相对。

(十二) 同时性的相对性

沿两个惯性系相对运动方向上发生的两个事件，在其中一个惯性系中表现为同时的，在另一个惯性系中观察，则总是在前一个惯性系运动的后方的那一事件先发生。

同时性的相对性是光速不变原理的直接结果。同时性的相对性否定了各个惯性系具有统一时间的可能性，否定了牛顿的绝对时空观。

（十三）时间的相对性

在 S' 系中测得发生在同一地点的两个事件之间的时间间隔 τ_0，在 S 系中的观测者看来，这两个事件为异地事件，其时间间隔 τ 总是比 τ_0 要大。在不同惯性系中测量给定两事件之间的时间间隔，测得的结果以原时 τ_0 最短。或者说，运动时钟走的速率比静止时钟走的速率要慢，所以也称为钟慢效应。

$$\tau=\frac{\tau_0}{\sqrt{1-(u/c)^2}}=\gamma\tau_0$$

当 $u \ll c$ 时，$\tau \approx \tau_0$，回到了经典时空观的结果。所以，牛顿的绝对时间概念是相对论时间概念在参照系相对速度远小于光速时的近似。

请大家注意，在 S 系中的观测者看来，S' 中的的钟是运动的，所以运动的钟变慢了。但是在 S' 系中观测者看来，S 系中的钟是运动的，也变慢了。那么究竟哪个钟慢呢？原来钟慢效应是相对的。运动时钟变慢效应是时间本身的客观特征。其延缓效应显著与否决定于两个参照系的相对速度和光速的比。

（十四）长度的相对性

沿尺子长度方向相对尺子运动的观测者测得的尺长 l，较相对尺子静止观测者测得的同一尺的原长 l_0 要短。在不同惯性系中测量同一尺子的长度，以原长为最长。

$$l=l_0\sqrt{1-(u/c)^2}$$

请大家注意，在 S 系中的观测者看来，S' 中的的尺子是运动的，所以运动的尺子变短了。但是在 S' 系中的观测者看来，S 系中的尺子是运动的，也变短了。那么究竟哪个尺子短了呢？原来尺缩效应也是相对的。长度收缩效应显著与否决定于两个参照系的相对速度和光速的比。从上面的分析可以看出长度收缩效应是同时性、相对性的直接结果。

（十五）相对论速度变换定理

$$v'_x=\frac{v_x-u}{1-\frac{u}{c^2}v_x};\quad v'_y=\frac{v_y\sqrt{1-(u/c)^2}}{1-\frac{u}{c^2}v_x};\quad v'_z=\frac{v_z\sqrt{1-(u/c)^2}}{1-\frac{u}{c^2}v_x}$$

（十六）质量的相对性

$$m=\frac{m_0}{\sqrt{1-(v/c)^2}}$$

其中，m_0 为物体静止时的质量，称为静质量。静质量反映物体本身的属性，即包含的物质的量。m 为物体的惯性质量，相对论中的惯性质量决定于物体速度，速度趋于光速时，惯性质量为无穷大。显然，当 v 远远小于 c 时，$m=m_0$，相对论中的惯性质量又回到了牛顿力学中的惯性质量。

将相对论惯性质量与速度相乘，即可得到相对论动量

$$p=mv=\frac{m_0 v}{\sqrt{1-(v/c)^2}}$$

可以证明，该公式保证动量守恒定律在洛伦兹变换下对任何惯性系都保持不变性。

（十七）质能关系——新时代的标志

相对论动能：　$E_k=mc^2-m_0c^2$

任何宏观静止物体都具有一定能量，称为静止能量

$$E_0=m_0c^2$$

而静止能量与动能的和才是物体的总能量

$$E=E_k+m_0c^2=mc^2$$

可以看出，相对论质量是物体总能量的量度。上面的式子就是著名的质能方程，它表明物体的相对论总能量与物体的总质量成正比；质量与能量不可分割。

四、习题解答

3－1　狭义相对论揭示了（　　）。

A. 微观粒子的运动规律　　B. 电磁场的变化规律

C. 引力场中的时空结构　　D. 高速物体的运动规律

解　答案 D。经典物理学揭示了宏观低速运动物体的运动规律，狭义相对论揭示了高速物体的运动规律。因此选 D。

3－2　S 系中发生了两个事件 P_1，P_2，其时空坐标分别为 $P_1(x_1,t)$ 和 $P_2(x_2,t)$。若 S' 系以高速 v 相对于 S 系沿 x 轴正向运动，则 S' 系测得二事件必定是（　　）。

A. 同时事件　　B. 不同地点发生的同时事件

C. 既非同时，也非同地　　D. 无法确定

解　答案 C。根据狭义相对论的洛伦兹变换即可得出结论。

3－3　在狭义相对论中，下列说法正确的是（　　）。

(1) 一切运动物体相对于观察者的速度都不能大于真空中的光速；

(2) 长度、时间、质量的测量结果都是随物体与观察者的相对运动状态而改变的；

(3) 在一惯性系中发生的同时不同地的二事件在其他一切惯性系中也是同时

发生的；

(4) 惯性系中的观察者观察一个与他做匀速相对运动的时钟时，会看到这时钟比他相对静止的相同的时钟走得慢些。

A. (1),(3),(4) B. (1),(2),(4)

C. (1),(2),(3) D. (2),(3),(4)

解 答案B。根据洛伦兹变换，在一惯性系中发生的同时不同地的二事件在其他一切惯性系中不是同时发生的。

3-4 地面上一旗杆高2.28 m，在竖直上升的火箭(速率 $v=0.8c$)上的乘客观测，此旗杆的高度为(　　)。

A. 2.28 m B. 2 m C. 1.60 m D. 1.37 m

解 答案D。根据长度收缩原理，$l=l_0\sqrt{1-u^2/c^2}=2.28\sqrt{1-0.64}=1.37$ m

3-5 试述亚里士多德时空观、牛顿时空观的相对性与绝对性。

解 亚里士多德时空观指出地球是球形的，地球是整个宇宙的中心，其他行星均围绕地球做完美的圆周运动。他否定了“上”和“下”的绝对观念，把“上”和“下”这两个方向相对化了。

牛顿的时空观否定了亚里士多德时空观的空间位置的绝对意义，指出在经典时空观中，任何空间点都是平等的，物理规律相对于任何时空点都是一样的，这就是经典时空观的相对性。

3-6 试述伽利略的相对性原理及伽利略变换的时空观特征。

解 伽利略提出了相对性原理：力学规律在所有惯性坐标系中是等价的。力学过程对于静止的惯性系和运动的惯性系是完全相同的。换句话说，在一系统内部所做任何力学的实验都不能够决定一惯性系统是在静止状态还是在做等速直线运动。

伽利略变换的时空观特征：同时性的绝对性，时间间隔测量的绝对性，长度测量的绝对性。

3-7 简述相对论时空观与经典时空观的主要区别。

解 经典时空观是对于低速运动，而相对论时空观是对于高速运动。
经典时空观认为时间空间绝对，而相对论时空观认为时空会随物体运动而发生变化，具有相对性，而产生这些变化是由于观测者在不同的惯性系中观测到的效果不一样。例如在运动的参考系中看，直尺长度变短了，但实际上直尺长度仍然不变，只是一种观测效应。

时间延缓、长度收缩、质速关系、质能方程，都是狭义相对论。

而空间扭曲，即光会由于引力作用发生弯曲，这是广义相对论。

3－8 说出20世纪初创立的两大革命性物理学理论的名称。

解 1.相对论;2.量子力学。

3－9 相对论改正了牛顿物理学在哪方面的不精确性?

解 广义相对论中的等效原理表明物体做匀加速运动等同于其处于引力场中。就是说物体处于匀加速的参考系中的状态完全等于其在惯性系中受到引力场的作用。这样再运用绝对微分学这个数学工具,狭义相对论便被纳入了引力理论体系。在极狭小的区域内,狭义相对论完全适用。牛顿力学说的是物体间存在力的作用,而广义相对论表明这种所谓的力是物体的能量-动量场使周围的时空连续系统产生畸变,影响周围物体的运动。弯曲时空可以用黎曼几何表示,而在绝对局域范围内加速参考系可以分割为惯性系,以此将狭义相对论并入,同时与等效原理、广义相对性原理一起构成了广义相对论体系,取代了牛顿力学。

3－10 相对运动、参考系、相对性理论各是什么意思?

解 1.相对运动是指某一物体对另一物体而言的相对位置的连续变动,即此物体相对于固定在第二物体上的参考系的运动。

2.研究物体的运动时,选来作为参考的另外的物体称为参考系。

3.相对性原理:给定一个物体,它相对于一些物体运动,标志出这些物体,然后用数列与这些距离相对应,于是这些物体就成为参照物,而给定物体到这些物体的距离的全体就成为参照空间。对应于距离的数之全体组成为一有序系统。这样同参照物联系在一起的坐标系,也就被引进来了。所谓的相对性原理就是坐标系的平等性;从一个坐标系转换到另一个坐标系的可能性;以及给出坐标变换时物体内部的特性和物体内部的各质点的距离及其结构的不变性。

3－11 物质运动是绝对的,而运动的描述则是相对的。试解释:

(1) 参考系,坐标系。

(2) 惯性系,非惯性系。

解 (1) 参考系:研究物体的运动时,选来作为参考的另外的物体称为参考系。

坐标系:为了说明质点的位置运动的快慢、方向等,必须选取其坐标系。在参照系中,为确定空间一点的位置,按规定方法选取的有次序的一组数据,就称为“坐标”。在某一问题中规定坐标的方法,就是该问题所用的坐标系。

(2) 惯性系:对一切运动的描述,都是相对于某个参考系的。参考系选取的不同,对运动的描述或者说运动方程的形式,也随之不同。人类从经验中发现,总可以找到这样的参考系:其时间是均匀流逝的,空间是均匀和各向同性的;在这样的参考系内,描述运动的方程有着最简单的形式。这样的参考系就是惯性系 。

非惯性系:任何一个使得“伽利略相对性原理”失效的参照系都是所谓的“非惯

性参照系”。

3 - 12 下雨时，有人坐在车内观察雨点的运动，试说明在下列各种情况下，他观察到的结果。设雨点相对于地面是匀速竖直下落的。

(1) 车是静止的。

(2) 车以匀速度沿着平直轨道运动。

(3) 车以匀加速度沿着平直轨道运动。

(4) 车以匀速率作圆周运动。

解 (1) 匀速竖直下落的。

(2) 匀速直线斜向后下落。

(3) 加速度在水平方向的斜向后下的抛物线运动。

(4) 螺旋线下落。

3 - 13 有甲、乙二人，甲站在速度为 60 m/s 向东匀速行驶的火车上，乙站在地面上。甲以相对于火车 20 m/s 的速度向火车后部抛出一个球。

(1) 球相对于甲的速度？

(2) 球相对于乙的速度？

(3) 两个答案不同，哪一个是正确的？

解 (1) 20 m/s 向后。

(2) 40 m/s 向前。

(3) 两者都是正确的，选取的参考系不同导致分析的结果不同。

3 - 14 在上题中，若火车以 20 m/s 的速度向东匀速行驶，甲以 20 m/s 的速度分别向火车的前部和后部抛出球，则乙看到两球的速度分别为多少？

解 向前抛出时乙看到小球速度为 40 m/s 向前；向后抛出时乙看到小球静止。

3 - 15 在第 3 - 13 题中，若站在地面上的第三者丙以 20 m/s 的速度向东向西将球分别扔给甲和乙，则甲看到球的速度（即球相对于甲的速度）分别为多少？

解 甲看到向东扔出的球的速度为 40 m/s，方向向西；甲看到向西扔出的球速度为 80 m/s，方向向西。

3 - 16 按照经典时空观，是否任何观察者观察到的光速都是相同的？

解 不是，根据经典力学伽利略变换，如果观察者运动方向和光速方向相同，则观察到的光速变慢，反之变快。

3 - 17 甲以 $0.2c$ 的速度向着乙运动，当乙向着甲打开手中的手电筒时，按照经典时空观的速度合成，甲观察到光束的速度为多大？当甲以相同速度远离乙运动时，甲观察到的光束的速度又为多少？

解 按照经典时空观的速度合成，以甲向着乙运动方向为正方向。

当甲向着乙时：

$$V_{c_1}=V_{乙}+c=0.2c+c=1.2c$$

当甲远离乙时：

$$V_{c_2}=V_{乙}-c=0.2c-c=-0.8c$$

3-18　设一飞船以 $0.1c$ 的速度相对于地面运动，一光束沿着飞船运动的方向以相对于地面 c 的速度传播并超过飞船。按照伽利略的相对论，飞船上的观察者观察到的光速是多少？这个答案是否是正确的实验答案？如果不是的话，正确的答案应该是多少？

解　按照伽利略的相对论，飞船上的人观察到的光速为

$$V_c=c-V_{飞船}=0.9c$$

这不是正确的实验答案，根据光速不变原理，正确的答案应该是观察到的光速仍为 c。

3-19　用你自己的话来叙述相对论的两条重要思想：相对性原理和光速不变原理。它们适合于任何观察者（参考系）吗？

解　在一个系统中，不能用任何实验来证明一个物体是静止的或者做匀速直线运动的，在地球上，我们不能用光学实验来证明地球是静止的或者运动的。光在真空中的速度对于一切参考系来说都是相同的，既跟光源的运动状态无关，也跟观察者的运动状态无关。

3-20　试用光速不变原理和相对论速度合成定律解释：为什么一个观察者相对于另一个观察者的速度只可能无限接近光速，但不能精确等于光速 c？

解　光速不变原理作为相对论两条基本假设之一，首先要承认其正确性。而根据相对论速度合成定律，如果一个观察者相对于另一个观察者的速度精确等于光速，那么它自身速度可能大于光速，这与光速不变原理中的光速最大表述矛盾。故一个观察者相对于另一个观察者的速度不可能精确地等于光速。

3-21　假设光速不变，但不是 3×10^8 m/s，而是 120 km/h，设想此时我们周围世界将发生怎样的变化？

解　声音会比光先被人们接受，也就是说先听见声音才能看见人；凡是速度大于 120 km/h 的物体都看不见身后的物体；时光可以倒流。

3-22　狭义相对论的相对性原理指出，在一个做匀速直线运动的密闭的实验室内没有实验能够证明你是静止的还是运动的。换句话说，除非你看外部，不能确定你所在参考系的速度。那么当你所在的参考系做匀加速运动时，在不看外部的情况下，你能用什么方法来确定你的参考系在加速运动？

解　拿一根细绳悬挂一个重物，发现细绳倾斜，即可证明参考系在做加速运动。

3－23 设甲、乙二人，乙静止地站在地面上，甲坐在以 0.5c 速度飞行的飞船上，当甲飞过乙时，甲打开自己手中的两个激光器，一个指向前方，一个指向后方，那么

(1) 甲观察到两束激光的速度各为多少？

(2) 按照伽利略的相对论，即按照经典速度合成律，乙观察到二光束的速度各为多少？

(3) 按照爱因斯坦的相对论，即按光速不变原理，乙观察到二光束的速度各为多少？

(4) 乙实际观察到二光束的速度又为多少？

解 (1) 甲看到两束激光的速度都是光速 c。

(2) 按照伽利略的相对论，乙观察到向前的光束速度为 1.5c，向后的光束速度为 0.5c。

(3) 按照爱因斯坦的相对论，乙观察到的两光束速度都是 c。

(4) 乙实际观察到的二光束速度都为 c。

3－24 用洛伦兹变换式说明同时性的相对性。S 系中的观测者认为是同时发生的两个事件，S'系中的观测者看来，也一定是同时发生的吗？

解 设对于 S 系中的两个事件 $A(x_1,0,0,t_1)$ 和 $B(x_2,0,0,t_2)$，S'系中它的时空坐标将是 $A(x_1',0,0,t_1')$ 和 $B(x_2',0,0,t_2')$，由洛伦兹变换式得：

$$t_1'=\gamma(t_1'-\frac{u}{c^2}x_1) \qquad t_2'=\gamma(t_2'-\frac{u}{c^2}x_2)$$

将上两式相减得：

$$t_2'-t_1'=\gamma[(t_2-t_1)-\frac{u}{c^2}(x_2-x_1)]=\frac{(t_2-t_1)-\frac{u}{c^2}(x_2-x_1)}{\sqrt{1-u^2/c^2}}$$

由以上可知，$t_1=t_2$，但是 $t_1'\neq t_2'$，即说明在 S 系中 A、B 不同时发生。

3－25 用洛伦兹变换式说明时序问题：设 S 系中相继发生了 1、2 两个事件，其时空坐标分别为(x_1,t_1)和(x_2,t_2)，且 $t_1<t_2$，即 1 事件先于 2 事件发生。S'系中观测到此二事件的时空坐标分别为(x_1',t_1')，(x_2',t_2')，则在 S'系中观测到的结果仍然是 1 事件先于 2 事件发生吗？时序会颠倒吗？在什么情况下时序不会颠倒？

解 $t_1<t_2$ 说明，在坐标系 S 中事件 2 发生在后，事件 1 发生在前。

根据洛伦兹变换，

$$t_1'=\frac{t_1-\frac{vx_1}{c^2}}{\sqrt{1-\frac{v^2}{c^2}}} \quad (1) \qquad t_2'=\frac{t_2-\frac{vx_2}{c^2}}{\sqrt{1-\frac{v^2}{c^2}}} \quad (2)$$

由式(2)减去式(1)可知

$$t'_2-t'_1=\frac{(t_2-t_1)-\frac{v}{c^2}(x_2-x_1)}{\sqrt{1-\frac{v^2}{c^2}}}$$

对于不同的 x_2-x_1，$t'_2-t'_1$ 可以大于或等于或小于零，对应于 S'系中，则意味着 2 事件可能迟于、同时或先于 1 事件发生。

3－26　设想你乘坐相对于地球速度为 $0.999c$ 的飞船到距地球 200 光年的遥远星球去做一次太空旅行，那么，在你有生之年能完成此壮举吗？

解　根据钟慢效应公式：

$$\Delta t=\frac{\Delta x'}{v}=\frac{200\times3\times10^8}{0.999\times3\times10^8}=200.2$$

$$\Delta t'=\Delta t\sqrt{1-\frac{v^2}{c^2}}=200.2\sqrt{1-0.999^2}=8.95\ \text{a(年)}$$

所以在有生之年可以完成。

3－27　在地球上进行一场足球比赛持续了 1.5 小时，在以速率 $v=0.8c$ 飞行的火箭上的乘客观测，这场球赛进行了多少小时？

解

$$\Delta t=\frac{\Delta t'}{\sqrt{1-\frac{v^2}{c^2}}}=\frac{1.5}{\sqrt{1-0.8^2}}=2.5\ \text{h}$$

3－28　某介子静止时的寿命是 10^{-8} s，如它以 $v=2\times10^8$ m/s 的速度运动时，它能飞行的距离为多少？

解　介子静止时的寿命是固有时间，它相对运动，则观察到的寿命

$$t'=\frac{t}{\sqrt{1-\frac{v^2}{c^2}}}=\frac{10^{-8}}{\sqrt{1-\frac{2\times10^8}{3\times10^8}}}=\frac{3\times10^{-8}}{\sqrt{5}}\ \text{s}$$

所以

$$S=v't'=2\times10^8\times\frac{3\times10^{-8}}{\sqrt{5}}=2.68\ \text{m}$$

3－29　一边长为 a，质量为 m_0 的正方体，沿其一棱边的方向相对于观察者以速度 v 运动，则观察者测得其密度和动量分别为多少？

解　在正方体上建立 S'，取 x、x'轴皆沿 v 的方向，在 S'中

$$\Delta x=\Delta x'\sqrt{1-\left(\frac{v}{c}\right)^2}$$

$$\Delta y=\Delta y',\Delta z=\Delta z'$$

$$m=\frac{m_0}{\sqrt{1-\left(\frac{v}{c}\right)^2}} \qquad V=\Delta x\cdot\Delta y\cdot\Delta z=V_0\sqrt{1-\left(\frac{v}{c}\right)^2}$$

密度 ρ 为

$$\rho=\frac{m}{V}=\frac{m_0}{V_0\left(1-\frac{v^2}{c^2}\right)}=\frac{m_0}{a^3\left(1-\frac{v^2}{c^2}\right)}$$

动量 p 为

$$p=mv=\frac{m_0 v}{\sqrt{1-\left(\frac{v}{c}\right)^2}}$$

3-30 在惯性系 S 中有一等边三角形，其中线与 x 轴重合。若该三角形以 v 沿 x 轴匀速运动，当在 S 系中测量该三角形恰为一等腰直角三角形时，则 v 的大小为多少？

解 设三角形边长为 a，则当在 S 系中测量该三角形恰为等腰直角三角形时，三角形中线$\sqrt{3}\,\frac{a}{2}$缩短为$\frac{a}{2}$，由长度收缩公式：

$$\frac{a}{2}=\sqrt{1-\frac{v^2}{c^2}}\times\sqrt{3}\times\frac{a}{2}$$

推得

$$v=\sqrt{\frac{2}{3}}\,c$$

3-31 S'系以 $v_x=0.6c$ 相对于 S 系运动，当 S'系的 O'点与 S 系的 O 点重合瞬间，它们的“钟”均指示零(二钟完全相同)，试求：

(1) 若 S'系上的 x'_0 处发生了一个物理过程，S'系测得该过程经历了 $\Delta t'=20\ \text{s}$，求 S 系的钟测得该过程经历的时间。

(2) S'系上有一根 $l_0=2\ \text{m}$ 的细杆，沿 x'轴放置，求 S 系测得此杆的长度 l。

(3) S'系上有一质量为 2 kg 的物体，求 S'和 S 系测得该物体的总能量 E' 和 E。

解 从 S 系看，$\Delta t=\dfrac{\Delta t'}{\sqrt{1-\frac{v^2}{c^2}}}=\dfrac{20}{\sqrt{1-0.36}}=25\ \text{s}$

从 S 系看，$l=l_0\sqrt{1-\frac{v^2}{c^2}}=2\sqrt{1-0.36}=1.6\ \text{m}$

S'系中$E'=mc^2=2c^2$，S系中$E=m'c^2=\dfrac{m}{\sqrt{1-\left(\dfrac{v}{c}\right)^2}}c^2=2.5c^2$

3－32　一个粒子的动能等于它的静止能量时，其速率为多少？

解　动能$E_k=(m-m_0)c^2$，当$E_k=m_0c^2$时，则质量$m=2m_0$，由质速关系得：

$$\frac{v}{c}=\sqrt{1-\left(\frac{m_0}{m}\right)^2}=\frac{\sqrt{3}}{2}$$

即$v=\dfrac{\sqrt{3}}{2}c$。

3－33　太阳发出的能量是由质子参与的一系列反应产生的，其总结果相当于下述热核反应：

$${}_1^1H+{}_1^1H+{}_1^1H+{}_1^1H\to{}_4^2He+2\,{}_1^0e$$

已知一个质子(${}_1^1H$)的静止质量是$m_p=1.6726\times10^{-27}$ kg，一个氦核${}_4^2He$的静止质量是$m_{He}=6.6425\times10^{-27}$ kg，一个正电子(${}_1^0e$)的静止质量$m_e=0.0009$ kg。问：

(1) 这一个反应所释放的能量是多少？

(2) 消耗1 kg质子所释放的能量是多少？

(3) 太阳发出能量的总功率为$p=3.9\times10^{26}$ W，它每秒钟消耗多少千克质子？

(4) 太阳约含有$m=1.5\times10^{30}$ kg质子，假定它继续以此速率消耗质子，太阳还能"活"多少年？

解 (1)

$$\Delta E=4m_pc^2-m_{He}c^2-2m_ec^2=(4\times1.6726-6.6425-2\times0.0009)\times10^{-11}\times9$$
$$=4.15\times10^{-12}\ \text{J}$$

(2) 释放的能量$=\dfrac{\Delta E}{4\times1.6726\times10^{-27}}=6.2\times10^{14}$ J

(3) 消耗质子质量$=\dfrac{P}{6.2\times10^{14}}=6.29\times10^{11}$ kg

(4) 存在时间$=\dfrac{m}{6.29\times10^{11}}=7.56\times10^{10}$ a(年)

3－34　太阳辐射到达地球时的辐射功率为1400 W/m²，地球半径为6400 km，试计算每秒到达地球表面的太阳能量？这相当于每秒多少千克的日光撞击地面？

解　(1) 地球上能够受到太阳辐射的面积是$S_0=\pi R^2$，每秒到达地表的太阳能量

$$E=S_0\times1400=\pi\times(64\times10^6)^2\times1400=18\times10^{16}\ \text{J}$$

(2) 由质能方程$E=mc^2$可知

$$m=\frac{E}{c^2}=\frac{18\times10^{16}}{(3\times10^8)^2}=2\ \text{kg}$$

3－35 为什么你不能跟一束光一道运动，是什么物理定律使得这不可能？

解 洛伦兹变换表示的是一个真实事件在两惯性系中的时空坐标之间的变换关系，因此变换中不能出现虚数。也就是说任何两个惯性系间相对运动速率都小于真空中的光速。因此，真空中的光速是一切物体运动的极限。

3－36 描述以太理论。这个理论对光束的速度做了什么预言？这个预言正确吗？

解 寻求对超新星爆发中光的传播问题的正确解释，类比于大海中轮船激起的海浪的传播速度与轮船的航速无关。那么光也许是某种“海洋”中的波，历史上把传光的“海洋”称作以太，即理想的光的传播介质。超新星爆发所发出的光，其传播速度与爆发物的速度无关，只与传播介质的运动状态有关。光的确具有一系列的波动性质，弹性波只能在连续媒质中传播，它的传播速率取决于媒质的性质，它相对于媒质的运动是可以探测的。

“以太”进行种种假设：光线可以到处传播，假定以太充满了整个宇宙；光波是电磁波，为横波，只有具有切变弹性的物质（固体媒质）才能传播横波，波速 $v=\sqrt{\frac{N}{\rho}}$，其中 N 为媒质的切变弹性模量，ρ 为媒质的密度。由于光速 c 特别大，所以要求 N 很大而 ρ 很小，即要求“以太”是一种几乎没有质量却具有很大刚性的媒质；行星运动服从万有引力定律，同时又要求“以太”对运动物体不施加任何阻力。

3－37 迈克耳孙-莫雷实验测量的是什么？结果如何？

解 1887 年，迈克耳孙(A. A. Michelson)和莫雷(E. W. Morley)的实验特别有名。根据他们的设想，如果存在以太，而且以太又完全不为地球运动所带动，那么，地球对于以太的运动速度就是地球的绝对速度。利用地球的绝对运动的速度和光速在方向上的不同，应该在所设计的迈克耳孙干涉仪实验中得到某种预期的结果，从而求得地球相对于以太的绝对速度。

结果是否定了以太参考系。

3－38 描述否定以太理论的哲学涵义。

解 以太，既是一个物理学概念，又是一个哲学概念。从某种意义上讲，否认以太可以被看作是在物理学中维持实证主义观点的最后一道防线。因为从观测的角度看，以太是一种极限，“太极而无极”，无可观测的内容可言，即使未来也如此，这跟是否有更精密的仪器无关。人们可以根据这些观测到的东西去推论本原的存在和形式，但不等于说就观测到了以太。因此，以太是名副其实的“形而上”问题，从来也不是一个单纯的实证科学概念，即使是在物理学界，也是那些富有哲理头脑的理论物理学家喜爱探讨的问题。正是在有关问题上，唯物主义跟唯心主义进行了激烈斗争。

3-39　物理学中的时间怎样定义？

解　牛顿说“绝对的、真正的和数学的时间自己流逝着，并由于它的本性而均匀地，与任一外界对象无关地流逝着。”牛顿所说的时间其实是哲学意义上的绝对时间，它没有开端和终结，只有前和后、过去和将来。这与物理意义上的相对时间是完全不同的，相对时间需要用时钟来计量，用具体的数值体现时间的长短。相对时间是为了描述物质运动变化过程需要提出来的，如果物质间相互都不运动，就不存在有相对时间，但哲学意义上的绝对时间还是仍然存在的。

3-40　描述光钟。

解　光钟，它不涉及机械运动部件，在其中运动的只有光线。

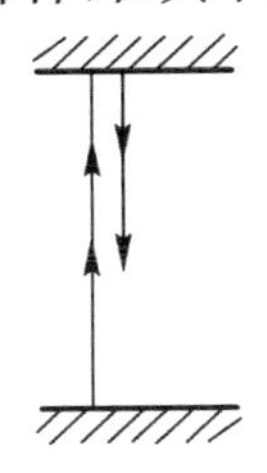

习题 3-40 图

习题 3-40 图所示的光钟由上下两个平行的反射镜所组成，为讨论方便，可假设上下反射镜相距 $c/2$(150000 km)，那么光在其中上下传播一个来回所需的时间正好是 1 s。具体参看教材 3.2.2 的 2.时间的相对性。

3-41　用光速不变原理说明运动的时钟一定走得慢。

解　牛顿的经典力学实际上是宏观低速情况下相对论的一个完美近似。根据光速不变原理

$$t=\frac{t_0}{\sqrt{1-\frac{v^2}{c^2}}}$$

可以看出，这里 t_0 为原时，而运动的时钟的时间为 t，又因为 $v<c$，所以运动的时钟走的速率比静止的时钟走得慢。

3-42　解释你怎么能够到未来旅行。

解　当你乘坐速度等于或超过光速的飞船时，即可以到未来旅行。

3-43　你觉得爱因斯坦的个性同他创立相对论有很大的关系吗？

解　有关系。爱因斯坦充分地利用学校中的自由空气，把精力集中在自己所热爱的学科上。在学校中，他广泛地阅读了赫尔姆霍兹、赫兹等物理学大师的著作，他最着迷的是麦克斯韦的电磁理论。他有自学本领、分析问题的习惯和独立思考的能力。爱因斯坦热爱思考，善于利用时间，在 1905 年 3 月到 9 月这半年中，他利用在专利局每天八小时工作以外的业余时间，在三个领域做出了四个有划时代

意义的贡献。

3－44 根据伽利略相对性，每个观察者对同一束光都测量到同样的速度吗？

解 根据伽利略相对性，不同惯性参考系中观察者测定同一光束的传播速度时，所得结果应各不相同。设 v，v'分别为运动质点在惯性参考系 S 和 S'中的速度，u 为 S'系相对 S 系运动速度，对伽利略坐标变换式求导，并注意 $t'=t$，得到 $v'=v-u$。即假如 S 系中，麦克斯韦方程组成立，光沿各个方向传播速度都是 c，则在 S'系中应得沿 x'轴正向的光速为 $c-u$，x'轴负向的光速为 $c+u$，等等。

3－45 相对性原理要求每个观察者都观察到同样的物理定律吗？说明理由。

解 在不同的惯性系中，一切物理规律都是相同的。这个假设通常称为爱因斯坦相对性原理。爱因斯坦把伽利略的相对性原理推广到电磁规律和一切其他物理规律。

3－46 想出几个办法，使你可以从一架飞机内部判定这架飞机是在平稳飞行还是停在跑道上。这些办法中的每一种是否都含有同机外的世界的某种直接或间接的接触？

解 通过观察飞机外部的景物移动来认知飞机是在平稳飞行还是停在地面。确实都含有同机外的世界的某种直接或间接的接触。

3－47 玛丽高速经过你身边。在你看来，她老得慢。根据她自己观察，她的年龄怎么变化？在她看来你的年龄又怎么变化？

解 在她自己看来，她的年龄几乎没有变化；在她看来，我老得非常快。

3－48 我们的银河系的中心大约离我们 30000 光年。光从那里到这里需要多长时间？按照在地球上测量的时间，一个人能够在短于 30000 年的时间里旅行到那里吗？按照他自己的时间，一个人能够在短于 30000 年的时间里旅行到那里吗？一个人能在他的寿命期限之内到达那里吗？说明理由。

解 30000 年。不，从地球上测量用的时间要多于 30000 年。是的，一个人(理论上)可以在他自己测量得随便多么短的时间里到达那里，这是因为时间的相对性，但这个人必须在他的旅途的几乎全程上以非常接近光速的速度运动。

五、练习题

3－1 时空观是关于对____________________的认识。

3－2 经典时空观中长度和时间是____________；质量是________________；动量_______________；动能____________________。

3－3 速度合成的公式为__________________________。

3－4 一架飞机以 1000 m/s 的速度飞行，一个人在地面沿着飞机飞行方向以 20 m/s 的速度扔一个小球，则飞机上的乘客看到球的速度为________。

3-5　惯性系是指____________________________________。

3-6　非惯性系是指____________________________________。

3-7　参考系和坐标系的区别为____________________________________。

3-8　按照经典时空观,任何观察者观察到的光速________________________。

3-9　有甲乙两人,甲站在火车上,相对于火车以 20 m/s 速度向火车后部抛出一个球,乙站在地面,若球相对于乙的速度是 40 m/s,则火车速度为(　　)。

A. 20 m/s　　B. 40 m/s　　C. 60 m/s　　D. 80 m/s

3-10　有一架飞机从 M 处向东飞到 N 处,然后又向西飞到 M 处。已知气流相对于地面的速率为 u,MN 之间的距离为 L,飞机相对于空气的速率 v 保持不变。试求下列三种情况下飞机来回飞行的时间是多少?

(1)如果空气静止即 $u=0$ 时;

(2)如果气流的速度向东 $u\neq0$ 时;

(3)如果气流的速度向北 $u\neq0$ 时。

3-11　试述伽利略的相对性原理和伽利略变换的时空观特征。

3-12　下列几种关于狭义相对论的叙述中,错误的是哪种表述。(　　)

A. 在任何惯性系中,光在真空中沿任何方向的传播速率都相同

B. 在真空中,光的速度与光源和接收者的运动状态无关

C. 在真空中,光的速度仅与光的频率有关

D. 所有运动物体的速度都不能大于真空中的光速

3-13　在参考系 S 中,一个粒子沿直线从坐标原点运动到了 $x=2.00\times10^8$ m 处,经历时间为 $\Delta t=1.00$ s,那么该过程对应的固有时间为(　　)。

A. $\frac{\sqrt{5}}{3}$ s　　B. 1 s　　C. $\frac{\sqrt{10}}{3}$ s　　D. 0.5 s

3-14　观察者甲和乙分别静止在惯性系 S 和 S' 中,S' 相对 S 以速度 u 运动,一个固定在 S' 中的光源发出一束光与 u 同方向,则下面说法正确的是(　　)。

A. 乙测得光相对于乙的速度为 $c-u$;甲测得光速为 c

B. 甲测得光相对于乙的速度为 $c-u$;乙测得光速为 c

C. 甲测得光速为 $c+u$；乙测得光速为 $c-u$

D. 甲测得光速为 $c-u$；乙测得光速为 $c+u$

3－15 把一个静能量为 m_0c^2 的粒子，由静止加速到 $v=0.6c$（c 为真空中光速）需做的功等于____________。

3－16 某核电站每年消耗的核燃料质量为 0.2 kg，如果这些核燃料的全部静能量都用来发电，那么该核电站年发电量为____________亿度。

3－17 两静止质量相同的小球，其一静止，另一个以 $0.8c$ 运动，在它们做对心碰撞后粘在一起，则碰后两个小球系统的运动速度为________________。

3－18 从加速器中以速度 $0.9c$ 飞出的离子在它前进的方向上又发射出光子。利用狭义相对论的速度变换定理求这光子相对于加速器的速度。

3－19 在 1000 m 的高空大气层中产生了一个 X 介子，以速度 $v=0.8c$ 飞向地球，假定该 X 介子在其自身的静止参照系中的故有寿命为 2.0×10^{-6} s，请判断该 X 介子能否到达地球表面。

3－20 已知一粒子的动能等于其静止能量的 n 倍，求：(1)粒子的速率；(2)粒子的动量。

3－21 假设有一种 X 介子在静止时的能量为 100 MeV，当它快速运动时，能量可达到 1000 MeV。若这种介子的固有寿命为 2×10^{-6} s，求该 X 介子运动的距离。

第4章　引力与时空——广义相对论

一、基本要求

1.理解狭义相对论的局限性，掌握惯性质量与引力质量的概念。理解等效原理和广义相对性原理的含义。

2.掌握弯曲空间的概念，理解引力场空间弯曲的意义。了解史瓦西场中的固有时与真实距离。

3.了解决定宇宙形状和未来的两个因素，理解目前理论和观测预言的三种宇宙模型。

4.掌握哈勃红移的概念，了解宇宙大爆炸和宇宙膨胀理论所描绘的宇宙演化过程。理解大爆炸理论预言的一些验证。

5.理解引力坍缩的概念，了解星系诞生与演化的过程。

6.了解引力坍缩形成致密天体的过程，理解有限坍缩和无限坍缩的区别。理解脉冲星、中子星和黑洞的概念，了解黑洞的性质。

7.理解广义相对论的可观测效应，了解引力波的概念。

二、基本内容

1.广义相对论的两条基本原理：

狭义相对论的局限性，等效原理，广义相对性原理。

2.引力场的时空弯曲：

弯曲空间，引力场的空间弯曲，史瓦西场中的固有时与真实距离。

3.宇宙的形状和命运：

三种宇宙模型的预言。

4.宇宙的起源——大爆炸与宇宙膨胀：

哈勃红移，宇宙大爆炸，大爆炸理论预言的一些验证。

5.引力坍缩——星系的诞生与演化。

6.恒星的末日——黑洞：

脉冲星，中子星，黑洞。

7.广义相对论的可观测效应：

水星近日点的进动，引力红移，光线弯曲，雷达回波延迟，引力波。

三、基本内容概述

（一）惯性质量、引力质量

反映物体惯性大小的质量称为惯性质量，惯性质量与动力学方程 $F=m_i a$ 相联系；反映物体产生和接受引力的能力的质量称为引力质量，引力质量与万有引力定律 $F=\frac{GM}{r^2}m_g$ 相联系。

（二）等效原理

局域内加速度参考系形成的物理效应与引力场的一切物理效应等效。即一个均匀的引力场与一个匀加速参考系完全等价。

（三）广义相对性原理

一切参考系都是平权的，物理规律具有适合于任何参考系的性质，即物理规律在一切参考系中可以表达为相同的形式。

（四）引力场的时空弯曲

在存在引力场的空间里，时空性质和欧几里得的“平直时空”不同，而成为“弯曲时空”。这种“弯曲”不能凭人的感觉器官觉察出来，只能从平面几何规律不再成立而间接推定。

（五）三种宇宙模型的预言

宇宙的形状是由宇宙的膨胀率和平均质量密度两个方面共同决定的。目前，宇宙膨胀之预言认为宇宙的几何结构取决于宇宙的平均质量密度与某一临界密度的比值 Ω，且认为宇宙的轮廓有三种可能的形状或几何结构：$\Omega>1$，即较慢的膨胀率和较大的质量密度，引起宇宙自身弯曲，形成所谓闭合宇宙，即三维的球形空间，这样的宇宙具有有限的体积；$\Omega<1$，即较快的膨胀率或较小的质量密度形成所谓开放宇宙，即马鞍形的结构，其总体积是无限的；如果在上述两者之间，膨胀率恰恰与质量密度符合某一条件，$\Omega=1$，即无大规律的弯曲，则形成平坦宇宙。

（六）哈勃红移

美国天文学家哈勃通过对远距离星系观测发现，本星系以外的所有星系都有红移（整个光谱结构向光谱红色一端偏移，即光谱线的波长变长）现象。且离我们越远的星系红移越明显，即离开我们的速度越大。哈勃红移现象说明星系在彼此远离，宇宙正在不断地膨胀。

（七）引力坍缩

引力坍缩，就是物质在引力的作用下凝聚在一起的过程。正是引力坍缩引发了星系的形成，引起了星系的演化，促进了星系的死亡。

(八) 黑洞

黑洞是 20 世纪重要的预言之一，它是一个具有封闭视界的天体。外来的物质和辐射能进入视界以内，但视界内任何物质都不能跑到外面，这个视界就是黑洞的边界。

四、习题解答

4-1　试述广义相对论的两条基本原理。

解　广义相对论的等效原理：在处于均匀的恒定引力场影响下的惯性系，所发生的一切物理现象，可以和一个不受引力场影响的，但以恒定加速度运动的非惯性系内的物理现象完全相同。

广义相对论的相对性原理：所有非惯性系和有引力场存在的惯性系对于描述物理现象都是等价的。

4-2　你能列举出两个在外部空间中以加速度竖直上升的飞船中所进行实验，使其结论与你在地球上静止时所得到的相同吗？

解　只要不涉及惯性质量和引力质量就行。比如测长度，电流。

4-3　在外部空间中的加速度参考系中，光线会弯曲吗？由等效原理，光线在引力场中传播时会发生什么现象？按照牛顿力学，引力就是一个物体对另一个物体所施的力。按照相对论，引力又是什么？引力就是质量引起的时空弯曲，对吗？

解　会，等效原理告诉我们，匀加速度参考系等效于一个均匀的引力场。广义相对论的出发点是广义相对性原理，即物理规律在所有的参考系中都相同，也就是物理规律不受参考系加速度的影响，从而得出了“引力使光线弯曲”。引力会使时空弯曲。不对，引力直接影响时空弯曲。

4-4　我们处在一个实际的三维空间中，可从来没有看到过空间是弯曲的，那么怎样知道空间是弯曲的呢？

解　在地球这个弱场而且在地面上相对小的范围内，空间弯曲太小以至于我们无法观察到。除了这一个重要原因外，我们不能想象时空弯曲的另一个原因是我们生活在这个三维空间中。正如一个二维生物生活在一个二维球面上，它只能在二维球面上运动，它不可能站到球内或球外，从三维角度看它的空间是个球面，所以它无法想象它的空间是弯曲的。唯一能够说明它的空间是弯曲的就是对空间几何性质的测定(实验)，例如上面所说的局部平行的两根南北方向的子午线，到了北极就会相交。人类是生活在三维空间的生物，也不可能离开三维空间从四维的角度来观察自己生活的弯曲空间，同理，人类不可能想象他生存的空间是弯曲的。唯一能够证明的也是对空间几何性质的测定(实验)。

4－5 宇宙未来三种可能的命运是什么？你怎么知道宇宙目前正在膨胀呢？宇宙的哪些物理特性决定了宇宙未来的命运。

解 继续膨胀，向内收缩，平衡。通过哈勃望远镜看到红移现象。宇宙的膨胀率和平均质量密度，决定了宇宙的未来、宇宙的命运。

4－6 以太阳系为例，从物理特性和过程出发，说明星系乃至宇宙是怎样形成的？

解 宇宙起源于大爆炸，在距离爆炸奇点 10^{-44} s 时，产生了时间和空间形成真空场。距奇点 10^{-35} s 时，空间暴涨，产生了粒子和强相互作用力。在 10^{-6} s 时，质子与反质子湮灭，形成了弱相互作用和电磁相互作用，所有粒子处于平衡。1 s 时，电子和正电子湮灭，粒子的平衡打破。1 min 时中子和质子聚变为氦核。20 min时氦形成，化学元素形成。30 min 时，粒子间停止强相互作用，大量光子形成光子海洋，光子是其他粒子的 10^9 倍。100 万年时，光子、粒子相分离，宇宙成为透明，原子生成。50 亿年时，星系、恒星形成。100 亿年时，银河系、太阳、行星形成。101 亿年时，形成最古老的地球岩石。

4－7 什么是黑洞？黑洞是怎样形成的？

解 黑洞的基本定义：它是一个具有封闭视界的天体，外来的物质和辐射能进入视界以内，但视界内任何物质都不能跑到外面，这个视界就是黑洞的边界。可见黑洞不是黑的，也不是一个空洞，而是一个实在的天体。我们曾经比较详细地介绍了白矮星和中子星形成的过程。当一颗恒星衰老时，它的热核反应已经耗尽了中心的燃料（氢），由中心产生的能量已经不多了。这样，它再也没有足够的力量来承担起外壳巨大的重量。所以在外壳的重压之下，核心开始坍缩，直到最后形成体积小、密度大的星体，重新有能力与压力平衡。质量小一些的恒星主要演化成白矮星，质量比较大的恒星则有可能形成中子星。而根据科学家的计算，中子星的总质量不能大于三倍太阳的质量。如果超过了这个值，那么将再没有什么力能与自身重力相抗衡了，从而引发另一次大坍缩，物质将成为一个体积趋于零、密度趋向无限大的“点”，当它的半径一旦收缩到一定程度（史瓦西半径），巨大的引力就使得即使光也无法向外射出，从而切断了恒星与外界的一切联系——“黑洞”诞生了。

4－8 狭义相对论区别于广义相对论的是什么？

解 狭义相对论基于两条假设：一是所有的惯性系之间变换下，物理规律不变；二是假设光速在任何参考系下不变。广义相对论则假设物理规律在所有的参考系（包括惯性系和非惯性系）中保持不变。所以，可以说狭义相对论是广义相对论的一个特例。

4－9 $E=mc^2$ 意味着什么？它意味着质量可以转化为能量吗？加以说明。

解　在经典力学中,质量和能量之间是相互独立、没有关系的,但在相对论力学中,能量和质量只不过是物体力学性质的两个不同方面而已。这样,在相对论中质量这一概念的外延就被大大地扩展了。爱因斯坦指出:“如果有一物体以辐射形式放出能量 ΔE,那么它的质量就要减少 $\Delta E/c^2$。至于物体所失去的能量是否恰好变成辐射能,在这里显然是无关紧要的,于是我们被引到了这样一个更加普遍的结论上来。物体的质量是它所含能量的量度。”他还指出:“这个结果有着特殊的理论重要性,因为在这个结果中,物体系的惯性质量和能量以同一种东西的姿态出现……,我们无论如何也不可能明确地区分体系的‘真实’质量和‘表现’质量。把任何惯性质量理解为能量的一种储藏,看来要自然得多。”这样,原来在经典力学中彼此独立的质量守恒和能量守恒定律结合起来,成了统一的“质能守恒定律”,它充分反映了物质和运动的统一性。质能方程说明,质量和能量是不可分割而联系着的。一方面,任何物质系统既可用质量 m 来标志它的数量,也可用能量 E 来标志它的数量;另一方面,一个系统的能量减少时,其质量也相应减少,另一个系统接受而增加了能量时,其质量也相应地增加。

4-10　加速度等价于什么?

解　等价于一个引力场。

4-11　在一个加速运动的参考系中观察,光束会弯曲吗?这个现象对于引力对光束的效应,告诉我们什么?

解　会弯曲,只要光束的方向和加速度的方向不一致,就会使观测到的光线弯曲。等效原理告诉我们,匀加速度参考系等效于一个均匀的引力场。广义相对论的出发点是广义相对性原理,即物理规律在所有的参考系中都相同,也就是物理规律不受参考系加速度的影响,从而得出了“引力使光线弯曲”。

4-12　地球上的经线是地球表面最“直”的线,它们最后会相交。那么纬线呢?它们是最直的线吗?它们最后会相交吗?

解　经线都是圆弧,它们会在南极点和北极点相交。纬线都是圆形,但仅有赤道是“大圆”,别的都小于赤道。它们不相交。

五、练习题

4-1　黑洞是极其简单的天体,它的全部性质只用(　　)、(　　)和(　　)三个物理量就能确定。

4-2　广义相对论的预言有哪些实验验证?试简述之。

4-3　宇宙的形状是由宇宙的______和______两个方面共同决定的。

4-4　说明星系在彼此远离,宇宙正在不断地膨胀的现象是(　　)。

A. 哈勃红移　　B. 引力坍缩　　C. 光线弯曲　　D. 宇宙背景辐射

4-5 关于引力坍缩,下列说法正确的是(　　)。

A. 中子星是无限坍缩形成的致密天体

B. 白矮星是有限坍缩形成的致密天体

C. 有限坍缩最终形成质量为无限大的奇点

D. 脉冲星不属于致密天体

第 5 章　振动与波动

一、基本要求

1. 掌握描述简谐振动的各物理量，特别是相位的物理意义及各量之间的相互关系。

2. 掌握描述简谐波各物理量的物理意义及各量之间的相互关系。

3. 理解波的相干条件。

4. 了解机械波多普勒效应。

5. 理解振动和波动的相互联系，理解波动是振动（相位）的传播及波形传播是现象、振动传播是实质、能量传播是波的度量的含义。

二、基本内容

1. 胡克定律与弹性势能。

2. 简谐振动的描述：简谐振动表达式，描述简谐振动的特征量，旋转矢量图示法。

3. 简谐振动的能量，简谐振动的合成。

4. 平面简谐波的描述：平面简谐波的描述，平面简谐波的波动表达式，波的能量。

5. 波的叠加：波的叠加原理，波的干涉，驻波，多普勒效应。

三、基本内容概述

（一）简谐振动

$$x(t)=A\cos(\omega t+\varphi)$$

（二）描述谐振动的基本物理量

振幅 A：谐振动为有界运动，我们把做谐振动的物体离开平衡位置的最大位移的绝对值称为振幅。

周期 T、频率 ν 和角频率 ω：谐振动具有周期性，物体作一次完整振动所经历的时间称为周期。振动周期的倒数称为频率。$\nu=1/T$ (Hz)，$\omega=2\pi\nu$。

相位 φ 和初相位 φ_0：相位是描述任意时刻振动状态的物理量，$(\omega t+\varphi_0)$ 是 t 时刻的相位；φ_0 是 $t=0$ 时刻的相位，即初相。

（三）简谐振动的动力学方程

$\frac{d^2x}{dr^2}+\omega^2x=0$，$\omega=\sqrt{\frac{k}{m}}$ 称为固有（圆）频率。

(四) 振动的叠加

同方向、同频率简谐振动的合成依然是简谐振动。

$x_1=A_1\cos(\omega t+\varphi_1)$

$x_2=A_2\cos(\omega t+\varphi_2)$

$x=x_1+x_2=A\cos(\omega t+\varphi)$

$A=\sqrt{A_1^2+A_2^2+2A_1A_2\cos(\varphi_2-\varphi_1)}$

$\tan\varphi=\dfrac{A_1\sin\varphi_1+A_2\sin\varphi_2}{A_1\cos\varphi_1+A_2\cos\varphi_2}$

(五) 机械波

机械振动以一定速度在弹性介质中由近及远地传播出去,就形成机械波。

(六) 机械波产生的条件

波源和弹性介质。

(七) 横波和纵波

介质质点的振动方向与波传播方向相互垂直的波称为横波;介质质点的振动方向和波传播方向相互平行的波称为纵波。

(八) 描述波动过程的物理量

波长:同一波线上相邻两个相位差为 2π的质点之间的距离;即波源做一次完全振动,波前进的距离。

周期:波前进一个波长距离所需的时间。

频率:单位时间内,波前进距离中完整波的数目。

波速:振动状态在媒质中的传播速度。$u=\dfrac{\lambda}{T}=\nu\lambda$。

(九) 波动过程的几何描述

波面:在波传播过程中,任一时刻媒质中振动相位相同的点联结成的面。

波线:沿波的传播方向作的有方向的线。

注意:在各向同性均匀媒质中,波线垂直于波面。

(十) 平面简谐波的波动方程

$$y(x,t)=A\cos\left[\omega\left(t-\frac{x}{u}\right)+\varphi_0\right]$$

波动方程表现出了振动状态的空间周期性和波形传播的时间周期性。

当 x 给定,波动方程退化为 $y=y(t)$,即 x 处振动方程。

当 t 给定,波动方程退化为 $y=y(x)$,即 t 时刻的波形图。

(十一) 波传播的独立性

当几列波在传播过程中在某一区域相遇后再行分开,各波的传播情况与未相遇一样,仍保持它们各自的频率、波长、振动方向等特性继续沿原来的传播方向前进。

(十二) 叠加原理

在波相遇区域内，任一质点的振动，为各波单独存在时所引起的振动的合振动。

(十三) 波的干涉

当两列(或多列)相干波叠加，其合振幅 A 和合强度 I 将在空间形成一种稳定的分布，即某些点上的振动始终加强，某些点上的振动始终减弱。

(十四) 干涉需满足的条件

频率相同，振动方向相同，相位差恒定。

(十五) 干涉规律

若两列相干波在 p 点相遇，则

$$A^2=A_1{}^2+A_2{}^2+2A_1A_2\cos(\Delta\varphi)$$

合振动的振幅：$A^2=A_1{}^2+A_2{}^2+2A_1A_2\cos\left[\varphi_2-\varphi_1-2\pi\dfrac{r_2-r_1}{\lambda}\right]$

p 点处波的强度：$I=I_1+I_2+2\sqrt{I_1I_2}\cos\Delta\varphi$

当 $\Delta\varphi=(\varphi_2-\varphi_1)-2\pi\dfrac{r_2-r_1}{\lambda}=\pm 2k\pi \quad k=0,1,2,\cdots$

$A_{max}=A_1+A_2 \quad I_{max}=I_1+I_2+2\sqrt{I_1I_2}$　干涉加强

当 $\Delta\varphi=(\varphi_2-\varphi_1)-2\pi\dfrac{r_2-r_1}{\lambda}=\pm(2k+1)\pi \quad k=0,1,2,\cdots$

$A_{max}=|A_1-A_2| \quad I_{max}=I_1+I_2-2\sqrt{I_1I_2}$　干涉相消

(十六) 多普勒效应

由于观察者(接收器)或波源或二者同时相对媒质运动，而使观察者接收到的频率与波源发出的频率不同的现象，称为多普勒效应。

波源相对于介质静止，观察者相对于介质运动：

$$v_R=\left(1+\frac{V_R}{u}\right)v_S$$

波源相对于介质运动，观察者相对于介质静止：

$$v_R=\frac{u}{u-V_S}v_S$$

波源和观察者同时相对于介质运动：

$$v_R=\frac{u+V_R}{u-V_S}v_S$$

四、习题解答

5-1　波由一种媒质进入另一种媒质时，其传播速度、频率、波长(　　)。

A. 都不发生变化　　　　B. 速度和频率变，波长不变

C. 都发生变化　　　　D. 速度和波长变，频率不变

解　答案D。波的频率 f 决定于波源，与媒质无关；不同的媒质中，电磁波的传播速度与媒质的折射率有关，因此不同媒质中波的传播速度不同；又因为 f 一定，$v=\lambda\times f$，所以波长也不同。因此选D。

5－2　下列表述中正确的是（　　）。

A. 物体在某一位置附近来回往复的运动是简谐振动

B. 质点受到回复力（恒指向平衡位置的作用力）的作用，则该质点一定做简谐运动

C. 拍皮球的运动是简谐运动

D. 某物理量 Q 随时间 t 的变化满足微分方程 $\frac{d^2Q}{dt^2}+\omega^2Q=0$，则该物理量 Q 按简谐运动的规律变化（ω 由系统本身的性质决定）

解　答案D。物体在跟偏离平衡位置的位移大小成正比，方向总是指向平衡位置的回复力作用下的振动叫简谐振动，A、C不正确；B中质点虽然受到回复力，但是位移不一定会发生变化，B不正确；D可以在教材5.2.1节中查到。

5－3　以下叙述中不正确的是（　　）。

A. 在波的传播方向上，相位差为 2π 的两质元之间的距离叫一个波长

B. 机械波实质上就是在波的传播方向上，介质各质元的集体受迫振动

C. 波的振幅、频率、相位与波源相同

D. 介质中距波源越远的点相位越落后

E. 波由一种介质进入另一种介质后，频率、波长、波速均发生变化

解　答案E。波由一种介质进入另一种介质时，频率与介质无关，因此不会发生变化，所以选E。

5－4　简谐振动表达式的标准形式为 $x=$______，其中______，______，______称为简谐振动的三个特征量。

解　$A\cos(\omega t+\varphi_0)$，$A$ 振幅，ω 圆频率，φ_0 初相位。

5－5　一个谐振子在 $t=0$ 时位于平衡位置0点，此时，若向正方向运动，则其初相位 $\varphi_0=$______；若向负方向运动，则其初相位为 $\varphi_0=$______。

解　$\frac{3}{2}\pi$，$\frac{\pi}{2}$。简谐振动表达式的标准形式为 $x=A\cos(\omega t+\varphi_0)$，由题知，$t=0$ 时，$x=A\cos\varphi_0=0$，当谐振子向正方向运动，即 x 在下一刻会大于0，则 $\varphi_0=\frac{3}{2}\pi$；当谐振子向负方向运动，即 x 在下一刻会小于0，则 $\varphi_0=\frac{\pi}{2}$。

5-6　简要叙述振动与波动的联系与区别。

解　振动是指一个孤立的系统(也可是介质中的一个质元)在某固定平衡位置附近所做的往复运动;波动是振动在连续介质中的传播过程,此时介质中所有质元都在各自的平衡位置附近做振动。

5-7　试简要说明什么是旋转矢量法,此种方法有什么优点。

解　从坐标原点 O(平衡位置)画一矢量 ,使它的模等于谐振动的振幅 A,并令 $t=0$ 时 A 与 x 轴的夹角等于谐振动的初相位 φ_0,然后使 A 以等于角频率 ω 的角速度在平面上绕 O 点做逆时针转动,这样作出的矢量称为旋转矢量。显然,旋转矢量任一时刻在 x 轴上的投影 $x=A\cos(\omega t+\varphi_0)$ 就描述了一个谐振动。当旋转矢量绕坐标原点旋转一周,表明谐振动完成了一个周期的运动。任意时刻旋转矢量与 x 轴的夹角就是该时刻的相位。

旋转矢量法的优点就是描述简谐振动较为直观。

5-8　简要说明描述简谐振动的特征量。

解　物体离开平衡位置的最大位移,称为简谐振动的振幅,恒取正值;振动物体做一次完整振动所需的时间称为周期,用 T 表示;单位时间内物体振动的次数称为频率,以 ν 表示;在简谐振动表达式中,$\omega t+\varphi_0$ 称为相位,它是描述物体运动状态的物理量。相位不同,振子的振动状态就不相同。初始时刻($t=0$)的相位 φ_0 称为初相位,简称初相,其值取决于初始条件。

5-9　试述自由振动、阻尼振动和受迫振动的区别。

解　做振动的系统在外力的作用下物体离开平衡位置以后就能自行按其固有频率振动,而不再需要外力的作用,这种不在外力的作用下的振动称为自由振动。理想情况下的自由振动称为无阻尼自由振动。

事实上的振动会受到阻尼的作用,振动系统的能量将不断减少,振幅也不断衰减,这种振动称为阻尼振动。

因为有阻尼作用,所以用一个周期性的外力持续地作用在振动系统上而维持其等幅振动,这种振动称为受迫振动。

5-10　描述平面简谐波的传播过程,并对其波函数中的各物理量做出解释。

解　介质中一个质点的振动会引起邻近质点的振动,而邻近质点的振动又会引起较远质点的振动,这样,振动就以一定的速度在弹性介质中由近及远地传播出去,形成波动。这种机械振动在弹性介质中的传播称为弹性波,即机械波,而对于同频率、同方向、同振幅的振动的传播,就形成了简谐波。

波长 λ:在波传播方向上,两个相邻的相位差为 2π 的质点之间的距离,或两个相邻的振动相位相同的点之间的距离,称为波长。因此,波长描述了波在空间上的周期性。

周期 T:一定的振动相位向前传播一个波长的距离所需要的时间,称为波的周期，描述了波在时间上的周期性。

波速 u：一定的振动相位在一介质中传播的速度称为波速。波速与波长、周期的关系为 $u=\frac{\lambda}{T}$。

波的频率 ν：单位时间内，波传播距离中所包含的完整的波长数目，称为波的频率。$\nu=\frac{1}{T}$。

5－11 谐振动的能量与波动的能量有什么区别与联系。

解 谐振动的总能量是守恒的，即动能的增加必以势能的减少为代价，反之亦然。在波动中，沿着波前进的方向，每个质元不断地从后面的质元中吸取能量而改变本身的运动状态，又不停地向前面的质元放出能量而迫使它们改变运动状态，这样，能量就伴随着振动状态从介质的一部分传至另一部分。

5－12 试述波的相干条件以及干涉加强与干涉相消的条件。

解 波的相干条件有三个必要条件，为"相遇的波同频率、振动方向不正交(保证有同方向的振动分量)，在相遇区域的确定点有固定的相位差"，还有两个充分条件，为"振幅相差不悬殊""波程差不能太大"。当两个相干波之间的相位差 $\Delta\Phi=\pm 2k\pi, k=0,1,2,\cdots$ 时，干涉加强；$\Delta\Phi=\pm(2k+1)\pi, k=0,1,2,\cdots$ 时，干涉相消。

5－13 描述驻波的形成过程。

解 用图示法来定性地分析驻波的形成。习题 5－13 图表示两列振幅相同的相干波，一列沿 x 轴正向传播，用虚线表示；一列沿 x 轴负向传播，用点划线表示；合成波用实线表示。

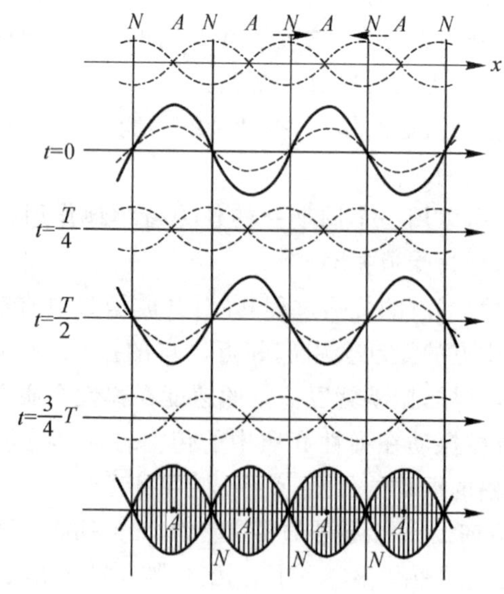

习题 5－13 图 驻波的形成

在 $t=0$ 时，两波互相重叠，x 轴上的每个质点得到最大的合位移，合成波是一条起伏较大的曲线，用实线表示；$t=\frac{T}{4}$时，两波已分别向前推进了四分之一波长的距离，此时，各质点的合位移为零，合成波为一条与轴重合的直线；$t=\frac{T}{2}$时，两波再次重叠，各点合位移又达最大，但各点位移的方向与 $t=0$ 时刻相反；$t=\frac{3T}{4}$时，合成波又成为一条直线。随着时间的推移，以上过程不断重复。

5-14　一个沿 x 轴做简谐振动的弹簧振子，振幅为 A，周期为 T，其振动表达式用余弦函数表示。当初始状态分别为以下四种情况时用旋转矢量法确定其初相，并写出振动表达式。

(1) $x_0=-A$；

(2) 过平衡位置向正方向运动；

(3) 过 $x=\frac{A}{2}$处向负方向运动；

(4) 过 $x=-\frac{A}{\sqrt{2}}$处向正方向运动。

解　$x_0=A\cos(\omega t+\varphi_0)$

(1) $t=0$ 时，$x_0=A\cos\varphi_0=-A$，$\cos\varphi_0=-1$，$\varphi_0\in[0,2\pi]$，$\varphi_0=\pi$ 振动表达式为 $x=A\cos(\omega t+\pi)$；

(2) 平衡位置表示在 $t=0$ 时，$x_0=0$，代入旋转矢量法的表达式，$\varphi_0=\pi/2$ 或 $3\pi/2$，又向正方向运动，$\varphi_0=3\pi/2$，振动表达式为 $x=A\cos(\omega t+3\pi/2)$；

(3) 在 $t=0$ 时，$x_0=\frac{A}{2}$，$\cos\varphi_0=\frac{1}{2}$，代入旋转矢量法的表达式，$\varphi_0=\pi/3$ 或 $5\pi/3$，又向负方向运动，$\varphi_0=\pi/3$，振动表达式为 $x=A\cos(\omega t+\pi/3)$；

(4) 在 $t=0$ 时，$x_0=-\frac{A}{\sqrt{2}}$，$\cos\varphi_0=-\frac{1}{\sqrt{2}}$，代入旋转矢量法的表达式，$\varphi_0=3\pi/4$ 或 $5\pi/4$，又向正方向运动，$\varphi_0=5\pi/4$，振动表达式为 $x=A\cos(\omega t+5\pi/4)$。

5-15　某横波的波函数为 $y=0.05\cos\pi(5x-100t)$（SI 单位）。求：

(1) 波的振幅、频率、周期、波速及波长；

(2) $x=2$ m 处质点的振动表达式及初相；

(3) $x_1=0.2$ m 及 $x_2=0.35$ m 处两质点振动的相位差。

解　(1) 振幅 $A=0.05$ m，$\omega=100\pi=\frac{2\pi}{T}$，周期 $T=\frac{1}{50}$，频率 $\nu=50$ Hz，$\frac{2\pi}{\lambda}=5\pi$，波长 $\lambda=0.4$ m，波速 $u=\frac{\lambda}{T}=0.4\times50=20$ m/s；

(2) $y=0.05\cos\pi(10-100t)=0.05\cos(100\pi t-10\pi)$，因为初相位在$[0,2\pi]$，初相是 0；

(3) $\varphi_1=-\pi, \varphi_2=-1.75\pi, \Delta\varphi=0.75\pi$。

5-16 习题 5-16 图所示为声波干涉仪的示意图，声波从 E 端进入仪器内，沿左右两条不同的路径前进，在 A 端相遇。路径 ECA 的长度是可以调节的。当 ECA 向右移动 $x=0.8$ m 时，听到两次连续的声波，彼此减弱，已知声速为 $v=340$ m/s，求声波的频率。

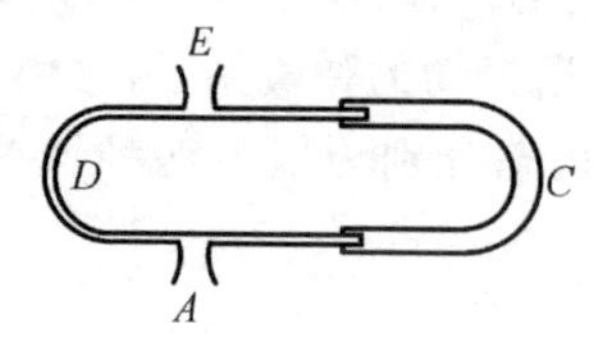

习题 5-16 图

解 根据波相消的条件，相邻两次极小值之间的波长变化为一个波长，当 ECA 向右移动 $x=0.8$ m，整个光程差变化了 $2x=1.6$ m，也就是 $\lambda=1.6$ m，则声波的频率 $f=\dfrac{v}{\lambda}=\dfrac{340}{1.6}=212.5$ Hz。

5-17 当谐振子的角频率 ω 增加到原来的两倍时，以下各物理量将发生怎样的变化？

(1)频率；(2)周期；(3)最大速率 $v_{\max}$；(4)最大加速度 $a_{\max}$。

解 (1) 频率增加到原来的两倍；(2) 周期变为原来的一半；(3) 最大速率 $v_{\max}=\omega A$；(4) 最大加速度 $a_{\max}=\omega^2 A$，是原来的四倍。

5-18 一物体沿 x 轴做简谐振动，振幅为 12 cm，周期为 2 s。当 $t=0$ 时，位移为 6 cm 且向 x 轴正方向运动，求运动表达式。

解 采用旋转矢量法，$A=0.12$ m，$T=2$ s，$\omega=\dfrac{2\pi}{T}=\pi$，则 $x=0.12\cos(\pi t+\varphi_0)$，当 $t=0$ 时，$x=0.12\cos\varphi_0=0.06$，所以 $\cos\varphi_0=0.5$，又由向正方向运动，$\varphi_0=\dfrac{5\pi}{3}$，振动表达式为 $x=0.12\cos\left(\pi t+\dfrac{5\pi}{3}\right)$。

5-19 玛丽把一根长绳的一端系在墙上，以每秒 4 次的固定频率抖动另一端，从而有一个波沿绳传播。如果波长是 1.5 m，求波速。若玛丽减慢到每秒抖动 2 次，假定波速不变，求新的波长。

解 以每秒 4 次的固定频率抖动另一端，从而有一个波沿绳传播，表示每秒发出一个波，即 $\nu=1\ \text{s}^{-1}$，$T=1$ s，$v=\lambda/T=1.5$ m/s；

每秒抖动两次会发出半个波，所以 $\nu=0.5\ \text{s}^{-1}$，$T=2$ s，$\lambda=Tv=2\times1.5=3$ m。

5－20　当波沿着绳、螺管和水面传播时，描述介质各部分如何运动。

解　(1) 把绳分成许多小部分，每一小部分都看成一个质点，相邻两个质点间，有弹力的相互作用。第一个质点在外力作用下振动后，就会带动第二个质点振动，只是质点二的振动比前者落后。这样，前一个质点的振动带动后一个质点的振动，依次带动下去，振动也就发生区域向远处的传播，从而形成了绳波。

(2) 螺管的振动情况和绳子类似，只不过振动是平行于螺管而不是垂直于它。

(3) 如果水表面上某一质点由于外力作用而下降，形成水窝。在重力和表面张力的作用下，周围的质点开始向下降处流动，填充水窝的凹部，并在其四周形成圆形凹槽。在这凹槽外沿上的水的质点，继续向低处汇流，使圆槽直径增大。在圆槽里面的水的质点，将向上"浮出"而形成凸峰。当这部分质点再次下降时，凸峰将以圆圈状向外传播开去，形成了水面波。在下降时水的质点除了向下运动外，还向波源方向运动；而在上升时它们除向上运动外，还向波源的反方向运动(即背向波源方向)。随着水的质点在其平衡位置附近做周期性的运动，水面波逐渐向外传播。

5－21　波动与抛射体运动的不同之处是什么？

解　抛射体运动是物体从一地被抛射到另一地，而波传输能量，但不传送任何物质。

5－22　山泉下泻是波动的例子吗？为你的回答说出理由。

解　不是，因为水本身真正向山下运动，属于抛射体运动，波动并不传送物质。

5－23　一阵风吹过麦田，形成一片麦浪。这个麦浪是波吗？如果不是，为什么？如果是，那么介质是什么？

解　不是，波有一个特点是相临的质点间有作用力，才使波形传出去，而麦子间并不是因为相互的作用力而接连起伏的，是持续的风力的作用。

5－24　一个软木塞浮在水面上，水波从它那儿经过。软木塞会发生什么情况？软木塞的振动频率与水波频率有关吗？如果有关，关系是怎样的？

解　软木塞会随着水波上下晃动即振动，与水波频率相同。

5－25　大多数波有固定的波速，它是由波传播所经过的介质的性质决定的。运动波有固定的、事先确定的波速吗？为什么？

解　没有确定的波速，因为波速与波源相关，运动波的波源在运动中，是变化的，所以不固定。

5－26　一列火车正在接近山崖，试分析观察者听到的汽笛声频率与山崖反射的汽笛声频率的差异：(1) 火车头上的司机；(2) 火车前方铁轨旁的铁路工人；(3) 火车后方铁轨旁的铁路工人。

解	汽笛声频率	山崖反射的汽笛声频率
(1)司机	不变	变高
(2)前方工人	变高	不变
(3)后方工人	变低	不变

五、练习题

5-1 在地面上测得某星体发出的光波长为 500 nm,与实验室光源所发出的同种元素的标识光谱比较时,发现波长红移了 10^{-11} m(即波长增加 10^{-11} m)。星体远离地球的速度为(   )。

A. 50000 m/s　　B. 60000 m/s　　C. 5000 m/s　　D. 6000 m/s

5-2 一平面简谐波的波源做简谐振动的运动方程为 $y=5.0\cos 200\pi t$,取国际单位制。该波源所形成的简谐波以 50 m/s 的速度沿一直线传播。求该简谐波的振幅、周期和波长,并写出波动方程。

5-3 如题 5-3 图所示,两振幅分别为 A_1、A_2 的相干波源分别在 P、Q 两点发出波长同为 λ、初相位相同的两列相干波,P、Q 两点的间距正好为 λ,PQ 连线上有一点 S,S 到 Q 点的距离为 r,求这两列波在 S 处干涉时的合振幅。

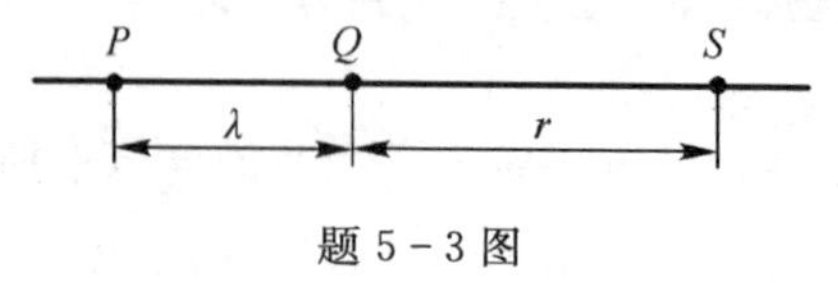

题 5-3 图

第6章　波动光学

一、基本要求

1. 掌握惠更斯原理的内容，了解光的本性的探索过程。

2. 掌握光程的概念和光程差与相位差的关系，了解普通光源的发光机理，理解获得相干光的两种方法（分波振面法和分振幅法），掌握杨氏双缝干涉条纹的特点及规律，了解迈克耳孙干涉仪的工作原理及应用。

3. 理解惠更斯-菲涅耳原理的意义，掌握夫琅禾费单缝衍射条纹的特点、成因及明暗条纹的位置（半波带法），掌握夫琅禾费圆孔衍射的特点，了解瑞利判据的意义和光学仪器的分辨本领。

4. 理解光栅衍射条纹的特点及其产生原因，掌握用光栅方程式的应用和确定光栅衍射谱线位置的方法，了解晶体对X射线的衍射。

5. 掌握光的五种偏振态，掌握马吕斯定律的应用，了解布儒斯特定律。

6. 理解双折射现象的含义，了解晶体的惠更斯作图法，了解偏振光的产生和检验方法。

二、基本内容

1. 光的微粒说和波动说：惠更斯原理，光的波粒二象性。

2. 光的干涉和应用：光程，光程差，光的相干条件，杨氏双缝干涉，迈克耳孙干涉仪。

3. 光的衍射：惠更斯-菲涅耳原理，夫琅禾费单缝衍射，夫琅禾费圆孔衍射，光学仪器的分辨本领，光栅衍射，晶体对X射线的衍射。

4. 光的偏振：光的五种偏振态，马吕斯定律，布儒斯特定律，光在各向异性晶体中的双折射现象，偏振光的产生与检验。

三、基本内容概述

（一）惠更斯原理

每一时刻行进中的波面上的任意一点都可看作是新的子波源；所有子波源各自向外发出子波；各个子波在下一时刻所形成的共同包络面，就是下一时刻的新波面。

(二) 光程、光程差、相位差与光程差的关系

光程：光波在某一媒质中经历的几何路程 x 与这一媒质的折射率 n 的乘积

$$L=nx$$

光程差：两条光线光程的差值定义为光程差

$$\Delta\delta=L_2-L_1$$

相位差与光程差的关系：

$$\Delta\varphi=\frac{2\pi}{\lambda}\Delta\delta$$

(三) 杨氏双缝干涉

第 k 级明纹的位置：

$$x'_k\approx L\sin\varphi_k\approx L\tan\varphi_k=k\frac{\lambda L}{d}$$

第 k 级暗纹的位置：

$$x'_k\approx L\sin\varphi_k\approx L\tan\varphi_k=(2k+1)\frac{\lambda L}{2d}$$

屏上相邻明条纹中心或相邻暗条纹中心间距为

$$\Delta x=\frac{L\lambda}{d}$$

(四) 光的衍射

1. 夫琅禾费单缝衍射：

半波带法

暗纹条件：$a\sin\varphi=\pm 2k\frac{\lambda}{2}$，$k=1,2,3,\cdots$

明纹条件：$a\sin\varphi=\pm(2k'+1)\frac{\lambda}{2}$，$k'=1,2,3,\cdots$

2. 夫琅禾费圆孔衍射：

爱里斑的角半径为

$$\theta_0=\frac{0.61\lambda}{a}$$

3. 光栅衍射：

垂直入射时的光栅方程

$$d\sin\varphi=\pm k\lambda$$

(五) 光的偏振

1. 光的五种偏振态：

光是横波，光矢量的不同振动状态对应五种不同的偏振状态：自然光、平面偏振光、部分偏振光、椭圆偏振光、圆偏振光。

2.马吕斯定律：

光强为 I_0 的线偏振光经过一个偏振片后，光强变为

$$I'=I\cos^2\alpha$$

其中，α 为线偏振光的光矢量与偏振片的偏振化方向的夹角。

四、习题解答

6－1　惠更斯提出的波动说的思想是什么？对光的本性的认识过程，你有什么体会？

解　惠更斯认为光是振动的传播，满足线性叠加原理。在认识光的本质的过程中，从光的微粒说到波动说，经历了很长的时间，因此对于科学的态度应该是充满怀疑的态度，不应该盲目相信前人得出的结论。

6－2　常见的偏振光的获取方法有哪些？几种偏振态的检验方法是什么？

解　获取方法：

一束自然光通过一个偏振片(起偏器)可获得线偏振光，一束线偏振光再通过 $\lambda/4$ 波片，一般情况下可获得椭圆偏振光。在一定条件下，当 $\lambda/4$ 片的光轴与入射光的振动方向一致或垂直时，可获得线偏振光；当 $\lambda/4$ 片的光轴与入射线偏振光的振动方向成 $\pi/4$ 时，可获得圆偏振光。

检验方法：

(1) 利用一块偏振片可将线偏振光区分出来，但不能区分自然光和圆偏振光，也不能区分椭圆和部分偏振光。

(2) 利用一块 $\lambda/4$ 片可把圆、椭圆偏振光变为线偏振光，但不能把自然光、部分偏振光变为线偏振光。

把偏振片和 $\lambda/4$ 片结合使用，即可完全区分自然光、部分偏振光、线偏振光、椭圆偏振光和圆偏振光。

6－3　一束波长为 λ 的单色光从空气垂直入射到折射率为 n 的透明薄膜上，要使反射光线得到加强，薄膜的厚度应为(　　)。

A. $\lambda/4$　　B. $\lambda/4n$　　C. $\lambda/2$　　D. $\lambda/2n$

解　答案 D。利用薄膜干涉明条纹的条件：$2nh=k\lambda$，可得 $h=k\lambda/2n$，所以选 D。

6－4　一束白光垂直照射在一光栅上，在形成的同一级光栅光谱中，偏离中央明纹最远的是(　　)。

A. 紫光　　B. 绿光　　C. 黄光　　D. 红光

解析　答案 D。利用 $d\sin\varphi=k\lambda$，$\sin\varphi=\dfrac{x}{D}$

得 $x=k\lambda D/d$，所以波长越大偏离中央明纹越远，所以选择 D。

6－5 光学仪器的分辨本领最后总要受到波长的限制，根据瑞利判据，考虑到由于光波衍射所产生的影响，人的眼睛能区分两个汽车前灯的最大距离为(　　)。(黄光 $\lambda=500$ nm，夜间瞳孔 d 约为 5 mm，两车灯间距 D 约为 1.2 m)

A. 1 km　　B. 3 km　　C. 10 km　　D. 30 km

解 答案C。利用公式 $D/l=1.22\lambda/d$，可得 l 约等于 10 km，所以选C。

6－6 一束光强为 I_0 的自然光，相继通过三个偏振片 P_1、P_2 和 P_3 后，出射光的强度为 $I=I_0/8$，已知 P_1 和 P_3 的偏振化方向相垂直，若以入射光强为轴旋转 P_2，使出射光强为零，P_2 最少要转过的角度是(　　)。

A. 30°　　B. 45°　　C. 60°　　D. 90°

解 答案B。利用 $\frac{I_0}{2}\sin^2\theta\sin^2\left(\frac{\pi}{2}-\theta\right)=\frac{I_0}{8}$ 可得 $\theta=45°$，要使出射光强为零，则至少要转过45°。

6－7 惠更斯引入<u>　子波　</u>的概念提出了惠更斯原理，菲涅耳再用<u>子波相干</u>的思想补充了惠更斯原理，发展成了惠更斯-菲涅耳原理。

6－8 波长为 λ，初相相同的两束相干光，在折射率为 n 的均匀介质中传播，若在相遇时，它们的几何路程差为 r_2-r_1，则它们的光程差为<u>　$n(r_2-r_1)$　</u>；相位差为<u>　$n(r_2-r_1)\times2\pi/\lambda$</u>。

6－9 相干光必须满足的必要条件是<u>频率相同</u>、<u>振动方向相同</u>、<u>相位差恒定</u>；充分条件是<u>　振幅相差不悬殊，光程差不能太大　</u>。

6－10 在杨氏双缝干涉实验中，若双缝间距 d 变小，则相邻明条纹间距将变<u>大</u>；若将入射紫光改为红光，相邻明条纹间距将变大；若把整个装置由空气浸入水中，则相邻条纹间距将变<u>小</u>。

6－11 在单缝夫琅禾费衍射中，$a\sin\theta=\pm3\lambda$，表明在对应衍射角 θ 的方向上，单缝处的波阵面可分成<u>　6个　</u>半波带，此时将形成<u>　暗　</u>纹。

6－12 用迈克耳孙干涉仪测微小的位移。若入射光波长 $\lambda=628.9$ nm，当动臂反射镜移动时，干涉条纹移动了2048条，反射镜移动的距离 $d=$<u>　0.644 mm　</u>。

解 利用干涉条件 $2d=k\lambda$，可得 $d=0.644$ mm。

6－13 一平面透射光栅，在 1 mm 内刻有500条纹，现对钠光谱进行观察，求：(1) 当光线垂直入射于光栅时，光谱的最高级次。(2) 当光线以30°入射角入射时，光谱的最高级次。

解 钠光波长为 $\lambda=589.3$ nm，(1) 根据光栅垂直入射时的方程式 $d\sin\theta=k\lambda$，当衍射角 $\theta=\frac{\pi}{2}$ 时，k 有最大值，即

$$k_{\max}=\frac{d\sin\theta}{\lambda}=\frac{(1\text{mm}/500)\times\sin\pi/2}{589.3\ \text{nm}}=3.38\ (\text{取整数部分}\ 3)$$

(2) 当入射角为 30°时，则由斜入射时的光栅方程式 $d(\sin\theta \pm \sin\varphi) = k\lambda$ 可得

$$k_{\max} = \frac{d(\sin\theta + \sin\varphi)}{\lambda} = \frac{(1\ \text{mm}/500) \times (\sin\pi/2 + \sin\pi/6)}{589.3\ \text{nm}} = 5.09\ (\text{取整数部分 } 5)$$

6－14　惠更斯原理是否适用于空气中的声波？你是否期望声波也服从和光波一样的反射定律和折射定律？

解　惠更斯原理是关于波面传播的理论，对任何波动过程它都是适用的。不论是机械波或电磁波，只要知道某一时刻的波面，都可以用惠更斯作图法求出下一时刻的波面，由此可以导出波的反射定律和折射定律。这既适用于光波，也适用于声波。不过声波的波长比光波大得多，反射面或折射面太小时，衍射现象严重。

6－15　在杨氏双缝实验中，双缝彼此稍微移近时，干涉条纹有何变化？

解　双缝移近，即双缝的间隔 d 变小，根据条纹间距公式 $\Delta x = D\lambda/d$ 可知，此时条纹间距变大，条纹变稀疏，其他性质不变。

6－16　说明水面浮的汽油层呈现彩色的原因。从不同倾斜方向观察时颜色会变吗？为什么？

解　水面上的汽油层呈现彩色是白光照射下油层薄膜干涉的结果。薄膜表面的两相干光线的光程差为

$$\Delta L = 2nh\cos i$$

从而相位差为

$$\Delta\varphi = \frac{2\pi}{\lambda} 2nh\cos i$$

在膜厚 h 和倾角 i 不变时，相位差还与波长 λ 有关。相干叠加结果使某些波长的光强加强，某些波长的光强相消。因白光中含有各种波长成分，所以薄膜干涉的结果使原来无色透明的汽油呈现彩色。又由于相位差 $\Delta\varphi$ 与倾角 i 有关，因此当改变观察方向时，油膜呈现的色彩也要发生变化。

6－17　在日常生活中你还能列举出哪些薄膜干涉现象？

解　生活中薄膜干涉的例子很多，例如在阳光下的肥皂粉泡上会出现各种彩色花纹，并且随着泡的大小变化，花纹的形状和颜色也不断的变化；炎热的夏天，雨过天晴，柏油路的积水面上浮着一层油膜会呈现出五颜六色，等等。

6－18　从以下几个方面比较等厚条纹和等倾条纹：

(1) 两者对光源的要求和照明方式有何不同？能否用扩展光源观察等厚条纹？用平行光观察等倾条纹将会怎样？

(2) 两者的接收（观测）方式有何不同？如果用一小片黑纸遮去薄膜表面的某一部位，这将分别给等厚条纹和等倾条纹带来什么影响？

解　(1)对于等厚条纹，严格观测必须用傍轴窄光束照明。扩展光源照明将导致条纹对等厚线的偏离和条纹衬比度的下降。对于等倾条纹，扩展光源照明有利

无害，不但不会影响条纹的衬比度，反而可以增加亮纹的强度，使等倾条纹变得更加明亮。反之，若照明光源方向性太强会使等倾条纹图样残缺不全。在平行光照明的极端情形下，屏幕上相干光束的交叠区收缩为一个点，不可能出现干涉条纹。

(2) 等厚条纹出现在非均匀薄膜表面，只能用成像系统接受或肉眼直接观察，不能用屏幕接收；等倾条纹出现在无穷远处，宜用屏幕接收。如果用一小片黑纸遮住薄膜表面的某一部位，对等厚条纹来说，会遮去这部分条纹，其他地方条纹不变；对等倾条纹来说，只会使条纹变暗，不会影响干涉图样的完整性。

6-19 隔着山可以听到中波段的电台广播，而电视信号却很容易被山甚至高大的建筑物挡住，这是什么缘故？

解 这一现象与波的衍射效应有关。衍射效应是否明显，取决于波长与障碍物线度的比值：两者比值较小，则衍射效应不明显；反之，就较为明显。无线广播中中波段载波波长为数百米，与山的高度数量级差不多，因此衍射效应比较明显，无线电波不易被挡住。而电视广播的的载波是超短波，其波长在米或分米量级，比山或高大建筑的高度要小得多。此时，电磁波的衍射效应不明显，近乎直线传播，极易被挡住。

6-20 你在日常生活中曾看到过某些属于衍射的现象吗？试举例说明。

解 生活中衍射的例子：树下看到茂密的树叶间有彩色的光环；如果以一定的角度观察 CD 或 DVD 表面，会看到光在盘面呈现出类似彩虹的彩色图样，等等。

6-21 讨论下列日常生活中的衍射现象：

(1)假如人眼的可见光波段不是 0.66 μm 左右，而是移到毫米波段，而人眼的瞳孔仍保持 4 mm 左右的孔径，那么，人们所看到的外部世界是一幅什么景象？

(2)人体的线度是米的数量级，这数值恰与人耳的可听声波波长相近，假如人耳的可听波长移至毫米量级，外部世界给予我们的听觉形象将是什么状况？

解 (1)由于衍射效应的限制，人眼的最小分辨角 $\Delta\theta=1.22\lambda/D$。($D$ 为瞳孔直径)。若 m 与 D 同数量级，则 $\Delta\theta$ 为 1 rad 的数量，已经不能成像了。

(2)人耳不是靠声波成像的，不怕衍射效应。与之相反，不希望声音只沿直线传播。否则声音连人体自身大小的障碍物都绕不过，在日常生活中会感到很不方便。

6-22 蝙蝠在飞行时是利用超声波来探测前面的障碍物的，它们为什么不用对人类来说是可闻的声波？

解 蝙蝠是靠声波来判断障碍物的，使用的波长必须远小于障碍物的尺度。人类可闻声波波长是米的数量级，比蝙蝠要探测的障碍物的尺度大得多，故不能用。

6-23 在夫琅禾费单缝衍射中，为保证在衍射场中至少出现强度的一级极小，单缝的宽度不能小于多少？为什么用 X 射线而不用可见光衍射进行晶体结构分析？

解　由第一暗斑条件 $\sin\theta=\lambda/a$，可知，欲得 0 级以外的衍射斑，必须有 $\lambda<a$，即光波长不能大于缝宽。晶体结构分析的光波长不能大于晶格常量 a，其数量级为 Å(10^{-10} m)，而可见光的波长具有 10^{-7} m 的数量级，远大于晶格常量。X 射线的波长具有 Å 以下的数量级，故可用于晶体结构分析。

6-24　在白光照明下夫琅禾费衍射的 0 级斑中心是什么颜色？0 级斑外围呈什么颜色？

解　白光是由各种波长的成分按一定比例组成的，经夫琅禾费衍射后，各种波长的 0 级斑中心仍重合于几何像点，该处仍呈白色。但由衍射反比关系可知，0 级斑的半角宽度长波的比短波的大，这就导致 0 级斑外围有彩色，短波(蓝紫色)偏里，长波(红色)偏外，形成这种不饱和的非光谱色。

6-25　如果你手头有一块偏振片的话，请用它来观察下列各种光，并初步鉴定它们的偏振态：(1) 直射的阳光；(2) 经玻璃板反射的阳光；(3) 经玻璃板透射的阳光；(4) 不同方位天空散射的光；(5)月光；(6)虹霓。

解　略。

6-26　自然光和圆偏振光都可以看成是等幅垂直偏振光的合成，它们之间的主要区别是什么？部分偏振光和椭圆偏振光呢？

解　它们的主要区别在于前者光振动矢量的两个正交分量之间没有稳定的相位关系，而后者的两个正交分量之间有确定的相位差 $\pm\frac{\pi}{2}$。部分偏振光和椭圆偏振光的主要区别也在相位关系上：前者两个正交分量之间无稳定的相位关系；后者两个正交分量之间有稳定的相位差。

6-27　自然光投射在一对正交的偏振片上，光不能通过，如果把第三块偏振片放在它们中间，最后是否有光通过？为什么？

解　自然光通过偏振片后，变成振动平行于透振方向的线偏振光。当线偏振光再入射到偏振片上时，只能透过与偏振片透振方向平行的分量。因此，自然光通过一对正交的偏振片时，其透射光的强度必然为 0。如果在一对正交的偏振片之间插入第三块偏振片，只要插入的偏振片的透振方向与已知的两正交偏振片中任意一透振方向不重合时，从前一偏振片出射的线偏振光入射到下一偏振片时，都有平行分量能透过，于是有光通过。但是如插入的偏振片的透振方向与已知的两正交偏振片之一的透振方向重合，则结果与一对正交偏振片相同，出射光强为 0。

6-28　为使望远镜能分辨角间距为 3.00×10^{-7} rad 的两颗星，其物镜的直径至少应为多大？为了充分利用此望远镜的分辨本领，望远镜应有多大的角放大率？假定人眼的最小分辨角为 2.68×10^{-4} rad，光的波长为 550 nm。

解 根据望远镜的最小分辨角公式 $\Delta\theta=1.22\lambda/D$ 算出所需物镜直径

$$D=\frac{1.22\lambda}{\Delta\theta}=\frac{1.22\times550\ \text{nm}}{3.00\times10^{-7}\text{rad}}=2.44\ \text{m}$$

望远镜的角放大率

$$M=\frac{\Delta\theta_e}{\Delta\theta}=\frac{2.68\times10^{-4}\text{rad}}{3.00\times10^{-7}\text{rad}}=893\ 倍$$

6-29 一波长为 600 nm 的平行光垂直照射到平面光栅上，它的一级谱线的衍射角为 25°。求：

(1)光栅常数。

(2)最多能看到第几级光谱？

(3)要在二级光谱中分辨 600±0.01 nm 的光谱，光栅宽度至少为多大？

解 (1)已知 $\theta_1=25°$，由光栅方程式 $d\sin\theta_1=\lambda$ 得

$$d=\frac{\lambda}{\sin\theta_1}=\frac{0.6}{\sin25°}=\frac{0.6}{0.4226}=1.42\ \mu\text{m}$$

(2)由光栅方程式 $d\sin\theta_k=k\lambda$，当 $\theta_k=\pi/2$ 时，k 最大，故

$$k_{\max}=\frac{d}{\lambda}=\frac{1.42}{0.6}=2(取整数部分)$$

即最多能看到第二级光谱。

(3)光栅的分辨本领为

$$R=\frac{\lambda}{\delta\lambda}=kN=\frac{kD}{d}$$

即

$$D=\frac{\lambda d}{k\delta\lambda}=\frac{600\times1.42}{2\times0.01}=4.26\times10^4\mu\text{m}=4.26\ \text{cm}$$

6-30 如图所示，偏振片 P_1 与偏振片 P_3 的偏振化方向彼此正交，在两者之间加入偏振片 P_2，使其偏振化方向与 P_1 的偏振化方向成$\frac{\pi}{6}$角。

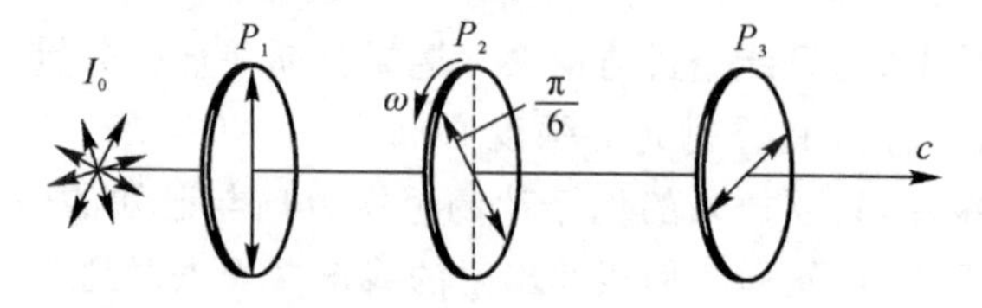

习题 6-30 图

(1)用光强为 I_0 的自然光垂直照射 P_1，从 P_3 透射出的偏振光强度为多大？

(2)若 P_2 从图示位置以角速度 $\omega=4\pi$ rad/s 逆时针旋转(以光的传播方向为轴)，则从 P_3 透射出的偏振光的光强又为多少。

解 (1)设通过 P_1、P_2、P_3 的光强分别为 I_1、I_2、I_3，由马吕斯定律得

$$I_2 = I_1\cos^2\frac{\pi}{6} = \frac{I_0}{2}\left(\frac{\sqrt{3}}{2}\right)^2 = \frac{3}{8}I_0$$

$$I_3 = I_2\cos^2\left(\frac{\pi}{2} - \frac{\pi}{6}\right) = \frac{3}{8}I_0\cos^2\frac{\pi}{3} = \frac{3}{32}I_0$$

(2)当 P_2 以角速度 $\omega = 4\pi$ rad/s 以光线传播方向为轴逆时针旋转时，任意时刻 t 透过 P_2 的光强为

$$I_2 = I_1\cos^2\left(\omega t + \frac{\pi}{6}\right) = \frac{I_0}{2}\cos^2\left(4\pi t + \frac{\pi}{6}\right)$$

该时刻透过 P_3 的光强为

$$I_3 = I_2\cos^2\left[\frac{\pi}{2} - \left(4\pi t + \frac{\pi}{6}\right)\right]$$

$$\begin{aligned} I_3 &= \frac{I_0}{2}\cos^2\left(4\pi t + \frac{\pi}{6}\right)\cos^2\left[\frac{\pi}{2} - \left(4\pi t + \frac{\pi}{6}\right)\right] \\ &= \frac{I_0}{2}\cos^2\left(4\pi t + \frac{\pi}{6}\right)\sin^2\left(4\pi t + \frac{\pi}{6}\right) \\ &= \frac{I_0}{8}\sin^2\left(8\pi t + \frac{\pi}{3}\right) \end{aligned}$$

6－31　怎样用偏振片与 1/4 波片来产生圆偏振光？单色平行的自然光垂直地入射至一透明物 P 上，透射光又垂直地射到一 1/4 波片 Q 上，其透射光在 P 和 Q 无论怎样绕平行于光线的 OO' 轴旋转时总能通过旋转尼科耳棱镜 N 得到一完全消光位置。问：

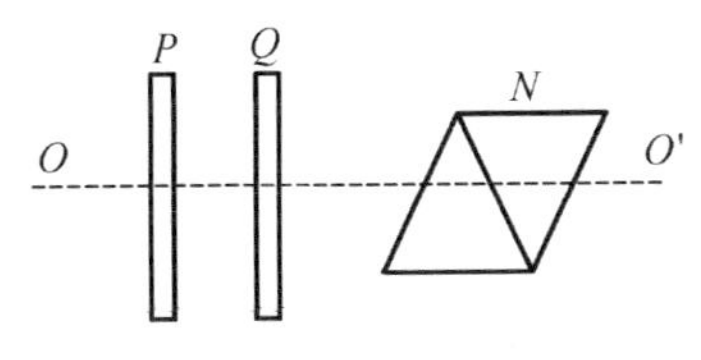

习题 6－31 图

(1) Q 的入射光是什么光？

(2) 透明物 P 为何物？

解　先让自然光通过偏振片，透射光即为线偏振光，其振动方向为偏振片的偏振化方向。然后再让它通过一个 1/4 波片，并使 1/4 波片的光轴与偏振片的偏振化方向夹角为 45°，这时透过波片的光就是圆偏振光。

(1) Q 的入射光是圆偏振光。则不管 Q 的方向如何，通过 Q 的透射光恒为线偏振光。旋转尼科耳棱镜使其主截面垂直于偏振光的振动面就可完全消光。

(2) 根据前面的分析，透明物 P 即为偏振片与 1/4 波片的光轴与偏振片的偏振化方向夹角为 45°。

五、练习题

6－1 关于光的偏振状态，下列说法正确的是(　　)。

A. 自然光可用两个相互独立、没有固定相位关系、等振幅且振动方向相互垂直的线偏振光表示

B. 部分偏振光可用两个相互独立、没有固定相位关系、等振幅且振动方向相互垂直的线偏振光表示

C. 自然光可用两个相互独立、有固定相位关系、振幅不等且振动方向相互垂直的线偏振光表示

D. 部分偏振光可用两个相互独立、有固定相位关系、振幅不等且振动方向相互垂直的线偏振光表示

6－2 下列实验中，不能用光的波动理论解释实验结果的是(　　)。

A. 白光通过双缝后获得彩色条纹　　B. 各向异性晶体中的双折射现象

C. 光电效应　　D. 光通过偏振片后的消光现象

6－3 一单色平行光垂直入射一单缝，其衍射第 3 级明纹位置恰与波长为600 nm的单色光垂直入射该单缝时的第 2 级明纹位置重合，求该单色光的波长。

6－4 证明 X 射线是电磁波的实验是(　　)。

A. 双缝干涉　　B. 迈克耳孙干涉仪

C. 圆孔衍射　　D. 天然晶体衍射

6－5 双缝干涉实验中，平行单色光垂直照射在间距为 0.15 mm 的双缝上，在缝后 1 m 远处测得第 1 级和第 13 级明条纹之间的距离为 36 mm，则所用单色光的波长为(　　)。

A. 450 nm　　B. 600 nm

C. 500 nm　　D. 630 nm

6－6 强度为 I_1 的自然光和强度为 I_2 的线偏振光混合垂直射向一偏振片，保持偏振片平面方向不变而转动偏振片 360°的过程中，发现透过偏振片的光的最大强度是最小强度的 2 倍，则 $I_1 : I_2$ 为(　　)。

A. 1∶3　　B. 1∶2　　C. 3∶1　　D. 2∶1

6－7 单色光垂直入射到单缝时，单缝处的波面恰好分成偶数个半波带，则相邻半波带上对应点发出光线到达屏幕上某点的光程差为______，该点的光强度为______。

6－8 波长为 600 nm 的单色光垂直入射在光栅常数为 900 nm 的平面透射光栅上，则衍射图样中主极大条纹数为______ 。

第7章　静电场和恒定磁场

一、基本要求

1.了解早期人们对静电现象和静磁现象的认识过程以及类比方法在库仑定律建立中的重要作用。

2.掌握电场强度的概念和场强叠加原理的应用。

3.掌握电通量的概念,理解静电场高斯定理的物理意义,掌握静电场高斯定理的应用。

4.理解静电场力做功的特点和静电场的环路定理的物理意义,掌握静电场中电势的概念和点电荷的电势公式,理解电势叠加原理的物理意义。

5.理解静电平衡的概念和导体处于静电平衡时的特点,了解静电屏蔽的概念和应用。

6.掌握电场能量密度的概念,了解电场能量计算的一般思路。

7.掌握磁感应强度的定义,理解毕奥-萨伐尔定律的物理意义,掌握毕奥-萨伐尔定律的简单应用,了解运动电荷产生磁场的性质。

8.理解磁场高斯定理的物理意义,掌握安培环路定理的应用。

9.掌握洛伦兹力的定义和带电粒子在匀强磁场中的运动特点,了解磁聚焦原理的应用。

10.理解安培力的定义和磁矩的概念,了解洛伦兹力公式和磁性的来源。

二、基本内容

1.静电现象和静磁现象的早期认识。

2.静电场的基本规律:库仑定律,电场,电场强度,静电场的高斯定理,电通量,静电场的环路定理,电势。

3.静电场中的导体。

4.静电场的能量。

5.稳恒磁场:磁场,磁感应强度,稳恒磁场的高斯定理和安培环路定理,磁场对运动电荷的作用,磁场对载流导线的作用,安培力,洛伦兹力公式,磁性的来源。

三、基本内容概述

(一) 库仑定律(点电荷间相互作用的定律)

$$F_{21}=k\frac{q_1q_2}{r^2}\qquad k=\frac{1}{4\pi\varepsilon_0}$$

(二) 电场的基本特性

对置于其中的电荷具有作用力。

(三) 点电荷的电场

$$\boldsymbol{E}=\frac{\boldsymbol{F}}{q_0}=\frac{1}{4\pi\varepsilon_0}\frac{q}{r^2}\boldsymbol{r}^0$$

(四) 电场叠加原理

点电荷系在某点 P 产生的电场强度等于各点电荷单独在该点产生的电场强度的矢量和。

$$\boldsymbol{E}=\int\frac{\mathrm{d}q}{4\pi\varepsilon_0 r^2}\boldsymbol{r}^0$$

(五) 磁场

电流(运动电荷)在其周围产生磁场,磁场对处于场中的电流施以作用力。磁场力是通过磁场传递的。磁场也是一种物质。

(六) 安培力公式

$$\mathrm{d}\boldsymbol{F}=I\mathrm{d}\boldsymbol{l}\times\boldsymbol{B}$$

(七) 带电粒子在磁场中的受力特点

$$\boldsymbol{f}_{\mathrm{m}}=q\,\boldsymbol{v}\times\boldsymbol{B}$$

(八) 电通量

在电场中穿过任意曲面 S 的电场线条数称为穿过该面的电通量

$$\Phi_{\mathrm{e}}=\int\mathrm{d}\Phi_{\mathrm{e}}=\int_S\boldsymbol{E}\cdot\mathrm{d}\boldsymbol{S}$$

(九) 磁通量

通过面元的磁力线条数

$$\Phi_{\mathrm{m}}=\int\boldsymbol{B}\cdot\mathrm{d}\boldsymbol{S}$$

(十) 电场高斯定理

$$\Phi_{\mathrm{e}}=\oint_S\boldsymbol{E}\cdot\mathrm{d}\boldsymbol{S}=\frac{1}{\varepsilon_0}\sum_i q_i(\text{内})$$

(十一) 磁场高斯定理

$$\Phi_{\mathrm{m}}=\oint_S\boldsymbol{B}\cdot\mathrm{d}\boldsymbol{S}=0$$

四、习题解答

7－1　在静电场中,下列说法正确的是(　　)。

A. 若场的分布不具有对称性,则高斯定理不成立

B. 点电荷在电场力作用下,一定沿电力线运动

C. 两点电荷间的作用力为 F,当第三个点电荷移近时,两点间的作用力仍为 F

D. 有限长均匀带电直线的场强具有轴对称性,因此可以用高斯定理求出空间各点场强

解　答案 D。高斯定理适用于任意电场,A 错。点电荷在电场力作用下,受力为电力线切线方向,不一定沿电力线运动,B 错。当第三个点电荷靠近两个点电荷时,电场分布改变,作用力不为 F,C 错。

7－2　在静电场中通过高斯面的 S 上 E 通量为零,则(　　)。

A. S 内必无电荷　　B. S 内必无净电荷

C. S 外必无电荷　　D. S 上 E 处处为零

解　答案 B。高斯定理:在静电场中,通过一个任意闭合曲面 S 的电通量 Φ_e 等于该面所包围的所有电荷电量的代数和 $\sum q_{uiz}$ 的 $1/\varepsilon_0$ 倍。通量为 0,则可知 S 内没有电荷或者有电量相等的正负电荷对,则 A 错,B 正确,并且无从判断 S 外电荷情况,C 错。通量为 0,场强可不为 0,则 D 错。

7－3　一个不带电的导体球壳,半径为 R,在球心处放一点电荷,测量球壳内外的电场,然后将此点电荷移至球心 $R/2$ 处,重新测量电场,则电荷移动对电场的影响为(　　)。

A. 对球壳内外的电场均无影响

B. 对球壳内外的电场均有影响

C. 只影响球壳内的电场,不影响球壳外的电场

D. 不影响球壳内的电场,只影响球壳外的电场

解　答案 C。球壳内点电荷的移动使得电场分布改变;但对于球壳外的电场,电场的产生是由于导体球壳整体产生的,点电荷的移动不影响导体球壳的外电场分布,C 正确。

7－4　一平行板电容器,充电后切断电源,然后再将两极板间的距离增大,此时,下列说法正确的是(　　)。

A. 电容器所储存的能量增加,电容器两极板间的场强不变

B. 电容器所储存的能量不变,电容器两极板间的场强变小

C. 电容器两极板间的电势差减小,电容器两极板间的场强减小

D. 电容器两极板间的电势差增大，电容器两极板间的场强增大

解 答案 A。平行板电容器内储能为 $W_e=\frac{1}{2}\frac{Q^2}{C}$，电容为 $C=\frac{\varepsilon S}{d}$，场强为 $E=\frac{\sigma}{\varepsilon}=\frac{Q}{\varepsilon S}$，电势差 $\varphi=Ed$，距离拉大，电荷量不变，电容 C 变小，则储能 W 增加，场强 E 不变，电势差 φ 变大，则 A 正确。

7-5 一均匀带电球面，若球内电场强度处处为零，则球面上的带电量 $\sigma \mathrm{d}S$ 的面元在球面内产生的电场强度(　　)。

A. 处处为零　　　　B. 不一定为零

C. 一定不为零　　　　D. 是常数

解 答案 C。球内场叠加效果使得电场强度处处为 0，任意一个面元产生的电场强度不为 0，则 C 正确。

7-6 一半径为 R 的均匀带电细圆环，带电量为 $+q$，其圆心处的场强大小和电势分别为(　　)。

A. $\frac{q}{4\pi\varepsilon_0 R_2}$，$\frac{q}{4\pi\varepsilon_0 R}$　　　　B. 0，$\frac{q}{4\pi\varepsilon_0 R_2}$

C. $\frac{q}{4\pi\varepsilon_0 R}$，0　　　　D. 0，$\frac{q}{4\pi\varepsilon_0 R}$

解 答案 D。圆环的中心场强为叠加之后的效果，环上关于圆心对称的两点产生的场强大小相等，方向相反，叠加后为 0，则圆心处的场强为 0。而电势为标量

$$\varphi=\sum|Ed|=\frac{qR}{\varepsilon_0 4\pi R^2}=\frac{q}{4\pi\varepsilon_0 R}$$

7-7 一运动电荷 q，质量为 m，以初速 $\boldsymbol{v}_0$ 进入均匀磁场 $\boldsymbol{B}$，若 $\boldsymbol{v}_0$ 与 $\boldsymbol{B}$ 的夹角为 α，则(　　)。

A. 其动能改变，动量不变　　　　B. 其动能和动量都改变

C. 其动能不变，动量改变　　　　D. 其动能、动量都不改变

解 答案 C。任意方向的初速度都可以分解为平行于 $\boldsymbol{B}$ 的分量和垂直于 $\boldsymbol{B}$ 的分量，平行分量不受力，垂直分量受力垂直于该分量，即只改变方向不改变大小，则可知，进入磁场后，初速度方向改变，大小不变，即动能不变，动量改变，C 正确。

7-8 如习题 7-8 图所示，均匀磁场的磁感应强度为 $\boldsymbol{B}$，方向沿 y 轴正向，要使电量为 q 的正离子沿 x 轴作速度为 $\boldsymbol{v}$ 的匀速运动，则必须加一个均匀电场 H，其大小和方向为(　　)。

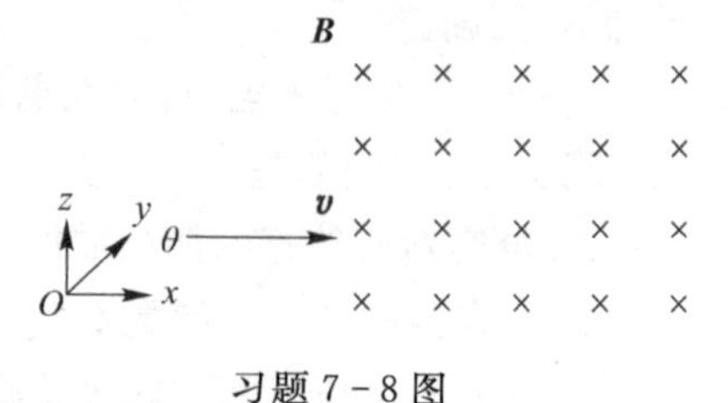

习题 7-8 图

A. $\boldsymbol{E}$ 的大小为 $E=B/v$，方向沿 z 轴正向

B. $\boldsymbol{E}$ 的大小为 $E=B/v$，方向沿 y 轴正向

C. $\boldsymbol{E}$ 的大小为 $E=Bv$，方向沿 z 轴正向

D. $\boldsymbol{E}$ 的大小为 $E=Bv$，方向沿 z 轴负向

解　答案 D。由左手定则可知，在磁场中受力，$F=qvB$，沿 z 轴正方向，则要保持运动状态不变，电场力为等大反向，即 $E=-\dfrac{F}{q}=-Bv$，即沿 z 轴负方向，D 正确。

7-9　下列说法中正确的是（　　）。

A. $\oint LB \cdot \mathrm{d}l$ 仅与回路所包围的电流 $\sum I$ 有关，与回路外的电流无关

B. 在 $\oint LB \cdot \mathrm{d}l$ 中的 B 是回路所包围的电流 $\sum I$ 所产生的，与回路外的电流无关

C. $\oint LB \cdot \mathrm{d}l=0$ 时，则回路上各点的 B 处处为零

D. 安培环路定理只适用于具有对称性的磁场

解　答案 A。安培环路定理中电流为回路所包围电流，则 A 正确。而磁场 B 则是此处磁场的总和，不区分回路外或者内电流产生，B 错。$\oint LB \cdot \mathrm{d}l=0$，可知回路内电流总和为 0，而不是 B 处处为 0，C 错。安培环路定理适用于任意形状的载流导线，任意形状的闭合积分回路都成立，非对称磁场也成立，D 错。

7-10　三根直载流导线 A、B、C 平行地放置于同一平面内，分别载有恒定电流 I、$2I$、$3I$，电流方向相同，如习题 7-10 图所示。导线 A 与 C 的距离为 d，要使导线 B 受力为零，则导线 B 与 A 之间的距离应为（　　）。

A. $\dfrac{d}{4}$　　　　B. $\dfrac{3}{4}d$　　　　C. $\dfrac{d}{3}$　　　　D. $\dfrac{2}{3}d$

解　答案 A。B 受力为 0，A 和 C 在 B 处产生的磁场大小相等，方向相反，则由安培环路定理得：$2\pi r_A B=I$，$2\pi r_C B=3I$，则 $r_A/r_C=1/3$，则 B 与 A 之间的距离为 $d/4$，A 正确。

7-11　欲使习题 7-11 图的阴极射线管中的电子束不偏转，可加一电场，则该电场的方向为（　　）。

A. 竖直向上　　　　B. 竖直向下

C. 垂直纸面向里　　　　D. 垂直纸面向外

解　答案 D。由左手定则，磁场中的电子束受力为垂直纸面向外，则要使其不偏转，电场力方向为垂直纸面向里，又因其为电子束，则电场方向为垂直纸面向外，D 正确。

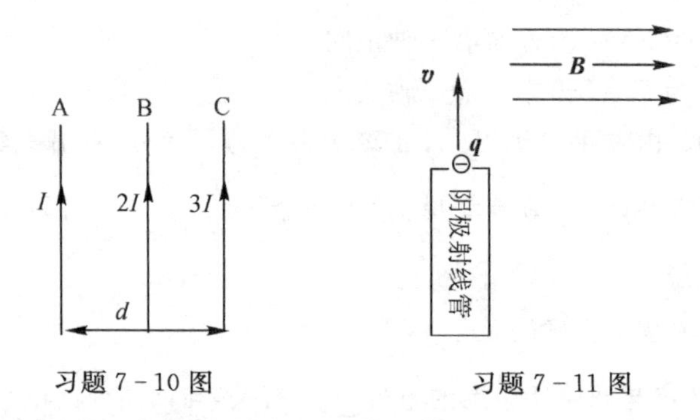

习题 7-10 图　　　　习题 7-11 图

7-12　通有电流 I 的无限长直导线弯成如习题7-12 图所示的形状，半圆形部分的半径为 R，则圆心 O 处的磁感强度的量值为(　　)。

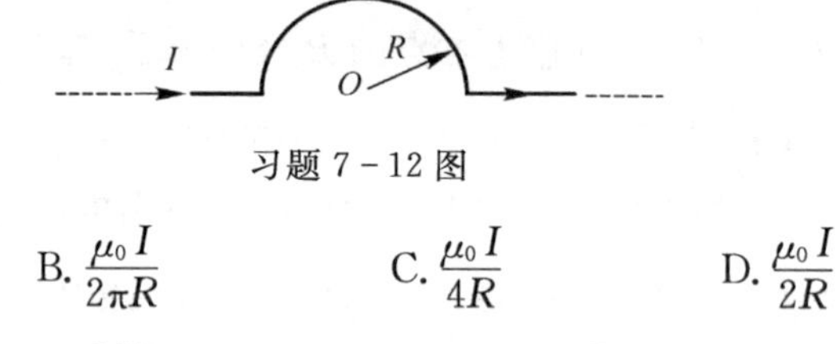

习题 7-12 图

A. $\frac{\mu_0 I}{4\pi R}$　　B. $\frac{\mu_0 I}{2\pi R}$　　C. $\frac{\mu_0 I}{4R}$　　D. $\frac{\mu_0 I}{2R}$

解　答案 C。$\mathrm{d}B=\frac{\mu_0}{4\pi}\frac{I\mathrm{d}\boldsymbol{l}\times\boldsymbol{r}_0}{r^2}$，则 $B=\frac{\mu_0}{4\pi}\frac{\pi RI}{R^2}=\frac{\mu_0 I}{4R}$，C 正确。

7-13　下列说法中正确的是(　　)。

A. 库仑定律只适用于点电荷

B. 带负电的电荷，在电场中从 A 点移动到 B 点，若电场力做正功，则可知$U_A>U_B$

C. 由点电荷电势公式 $U=q/4\pi\varepsilon_0 r$ 可知，当 $r\to 0$ 时，$U\to\infty$

D. 在点电荷的电场中，离场源电荷越远的点，电场强度的量值就越小

解　答案 D。库仑定律适用于任意电荷，不只是点电荷，A 错。电场力做正功，$W=-q(U_B-U_A)>0$，则 $U_A<U_B$，B 错。对于点电荷产生的电场，当半径很小时，不适用于点电荷的电势公式，则 C 错。但是半径很大时，适用，离场源电荷越远的点，电场强度的量值就越小，D 正确。

7-14　静电场的高斯定理表明(　　)。

A. 高斯面内不包围电荷，则面上各点的场强处处为零

B. 高斯面上各点的场强与面内电荷有关，与面外的电荷无关

C. 穿过高斯面的电场强度通量，仅与面内电荷有关

D. 穿过高斯面的电场强度通量为零，则面上各点的场强必为零

解　答案 C。高斯面内不包围电荷或者电场强度通量为 0，即 $\Phi_e=\oint\!\!\oint_S \boldsymbol{E}\cdot\mathrm{d}\boldsymbol{S}$

$= \frac{1}{\varepsilon_0}\sum_S q_i = 0$，可知积分为 0，并不说明面上场强处处为 0，A 错且 D 错。高斯面上各点的场强是总场强，面内与面外电荷共同激发的场强，B 错。穿过高斯面的通量，只和面内电荷有关，与面外电荷无关，C 正确。

7-15　导体达到静电平衡时，其内部各点的场强为__零__，导体上各点的电势__相同__。

解　在静电平衡时，导体是一个等势体，导体表面是一个等势面，内部场强为 0。

7-16　若把均匀各向同性的线性介质充满电场强度为 E_0 的电场中，将发生__极化__现象，从而导致原电场发生变化，在介质内的合场强 E__小于__E_0。

解　均匀各向同性线性介质放入电场中，将发生极化现象，内部激发出方向相反的电场，使得内部场强小于原场强。

7-17　两同心导体球壳，内球壳带电量为 $+q$，外球壳带电量为 $-2q$，静电平衡时，外球壳上的电荷分布为：内表面带电量为__$-q$__；外表面带电量为__$-q$__。

解　内球壳带电量为 $+q$，则在内球壳的外表面带电量为 $-q$，外球壳共带电 $-2q$，则外球壳内表面带电量为 $-2q-(-q)=-q$；两同心球壳作为一个整体，外球壳的外表面电量则为内外球壳带电总和，$-2q+q=-q$。

7-18　一电子以速度 $\boldsymbol{v}$ 射入如习题 7-18 图所示的均匀磁场中，它所受的洛伦兹力为 $f=$__$-e\boldsymbol{v}\times\boldsymbol{B}$__，其大小为__$evB$__，方向为__$z$ 轴正方向__，该电子在此力的作用下将做__圆周__运动。

解　洛伦兹力 $F=q\boldsymbol{v}\times\boldsymbol{B}=-e\boldsymbol{v}\times\boldsymbol{B}$，即大小为 evB，方向由左手定则判断可知为 z 轴正方向，在此力作用下，电子将做圆周运动。

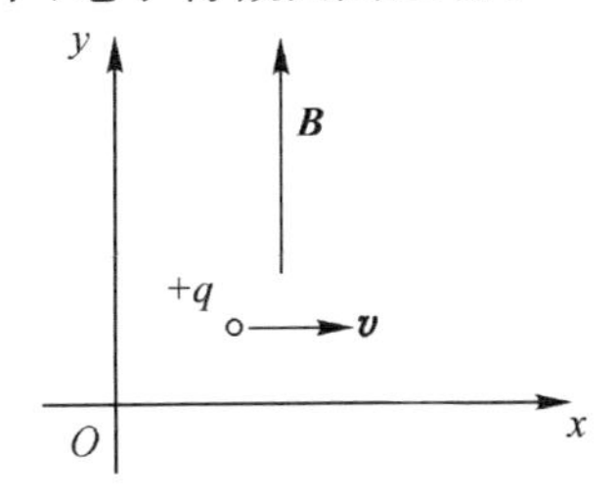

习题 7-18 图

7-19　一载有电流 I 的长直螺线管，内部磁感应强度为 B_0，现将相对磁导率为 μ_r 的铁磁质插入其中，则此时的磁感应强度 $B=$__$\mu_r B_0$__，可见此时 B 大于__B_0__。

解　内部加入铁磁质，则磁感应强度 $B=\mu_r B_0$，$\mu_r>1$，则 $B>B_0$。

7-20　一根通有电流 I 的长直载流导线旁，与之共面地放置一个长为 a，宽为 b 的矩形线框，矩形框的长边 a 与导线平行，且相距为 b，如习题 7-20 图所示。则穿过该线框的磁通量为 $\Phi_m=$__$\frac{\mu_0 I a}{2\pi}\ln 2$__。

解 长直载流导线在 r 处产生的磁场为$\frac{\mu_0 I}{2\pi r}$，则对于矩形框，磁通量

$$\Phi_m = \int_b^{2b} \frac{\mu_0 I}{2\pi r} a \, dr = \frac{\mu_0 Ia}{2\pi}(\ln 2b - \ln b) = \frac{\mu_0 Ia}{2\pi}\ln 2$$

7-21 如习题 7-21 图所示，导体框间有一匀强磁场的磁感应线垂直穿过，磁感应强度 $B=0.4$ T，$R_1=6\ \Omega$，$R_2=3\ \Omega$，导体框和可动导体 ab 的电阻都不计，ab 长为 $l=0.5$ m，不计摩擦，当导体 ab 以 $v=10$ m/s 的速度向右匀速运动时，在 ab 上施加的外力 $F=$ <u>0.2</u> N。外力的功率为 $P=$ <u>2</u> W。

解 导体切割磁感应线产生电动势 $E=BLv=0.4\times0.5\times10=2$ V，并联电路，电阻为 $R=\frac{1}{\frac{1}{6}+\frac{1}{3}}=2\ \Omega$，则电流 $I=E/R=1$ A，导体匀速运动，则外力与磁场力相等，

$F=BIL=0.4\times1\times0.5=0.2$ N，外力功率 $P=Fv=0.2\times10=2$ W。

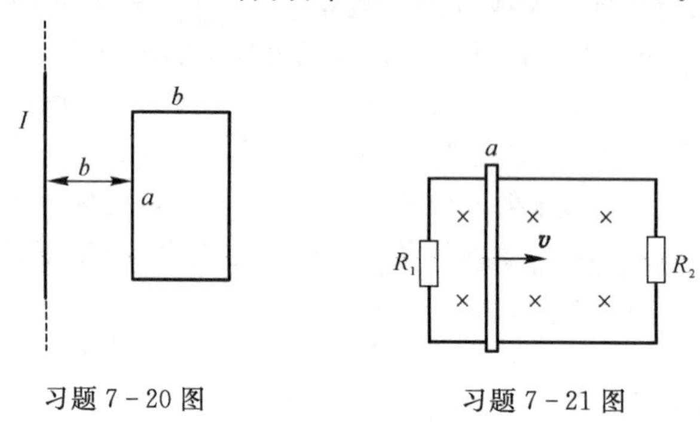

习题 7-20 图　　　　习题 7-21 图

7-22 一无限长直导线中通有电流 I_1，矩形线圈 $CDEF$ 中通有电流 I_2，CD 边长为 d_1，DE 边长为 d_2，直导线与线圈共面，如习题 7-22 图所示。试求：

(1) 矩形线圈每边所受的磁力；

(2) 矩形线圈所受的合力和合力矩。

解 (1)长直导线产生的磁场为 $B=\frac{\mu_0 I_1}{2\pi r}$，对于 CD 边，$F_{CD}=BI_2L=\frac{\mu_0 I_1 I_2 d_1}{\pi d_2}$，方向向右；对于 DE 边，由左手定则可知，关于长直导线对称的两边受力大小相等，方向相反，则 $F_{DE}=0$；对于 EF 边，大小同 CD 边，$F_{EF}=BI_2L=\frac{\mu_0 I_1 I_2 d_1}{\pi d_2}$，方向向右；对于 CF 边，同 DE 边，受力也为 0，即 $F_{CF}=0$。

(2)矩形线圈受合力为 $F=F_{CD}+F_{DE}+F_{EF}+F_{CF}=\frac{2\mu_0 I_1 I_2 d_1}{\pi d_2}$，向右，则合力矩为 $M=R\times F=0$。

7-23 两根导线沿半径方向被引到导体圆环上 A、C 两点，电流方向如习题

7－23图所示，求环中心 O 处的磁感应强度。

解　$\mathrm{d}\boldsymbol{B}=\dfrac{\mu_0}{4\pi}\dfrac{I\mathrm{d}\boldsymbol{l}\times\boldsymbol{e}_r}{r^2}$，$B=\int\mathrm{d}\boldsymbol{B}=\int\dfrac{\mu_0}{4\pi}\dfrac{I\mathrm{d}\boldsymbol{l}\times\boldsymbol{e}_r}{r^2}$，对于 AC 外环和内环，可知积分后叠加总和为 0，则环中心 O 处的磁感应强度为 0。

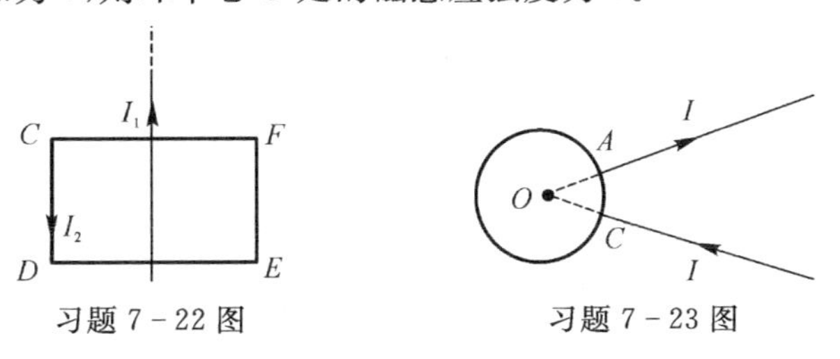

习题 7－22 图　　习题 7－23 图

7－24　静止的带电体可以感受哪一种力场：万有引力场、电场还是磁场？运动的不带电体呢？运动的带电体呢？

解　静止的带电体可以感受万有引力场、电场；运动的不带电体可以感受万有引力场；运动的带电体可以感受万有引力场、电场、磁场。

7－25　列出由电荷产生的现象。

解　如静电、极化等。

7－26　你家中的电路产生电磁场吗？提出一个可以检验你的答案的测量方法。

解　是的，因为电流产生磁场。你可以用一个灵敏的小指南针检测这些场。

7－27　电场是物质的一种存在形式吗？加以解释。万有引力场呢？

解　电场是能量的一种表现形式，只是看不见摸不着，也是物质存在的一种形式。万有引力场也是一种能量表现形式，即也是物质的一种存在形式。

五、练习题

7－1　如题 7－1 图所示，真空中两个点电荷 A、B 带电量均为 Q，相距为 $2r$，如果以点电荷 A 为球心，r 为半径作一高斯面，则通过该高斯面 S 的电通量为__________；高斯面 S 上的 P 点的电场强度为__________。

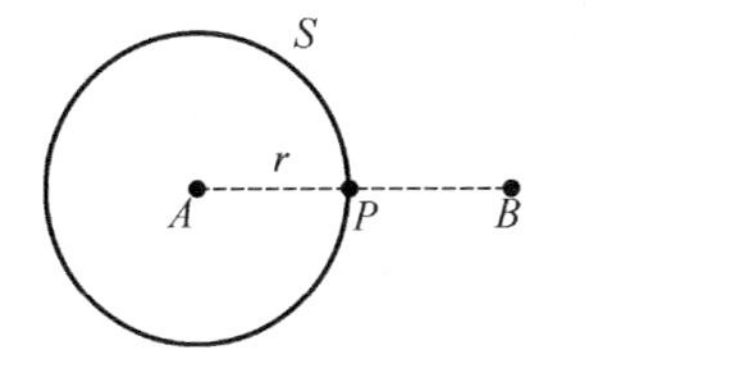

题 7－1 图

7－2　总电量为 Q 的均匀带电细丝，弯成半径为 r 的圆弧，圆弧对中心的张角为 α，求圆心处的场强。

第8章　电磁感应定律与麦克斯韦电磁理论

一、基本要求

1.理解法拉第电磁感应定律和楞次定律的意义，掌握动生电动势和感生电动势的概念及电磁感应定律发现过程中的物理思想和方法。

2.理解互感和自感现象，掌握互感电动势和自感电动势及磁场能量密度的概念。

3.理解辐射能和电磁场能量密度的概念，掌握坡印亭矢量的定义。

4.理解涡旋电场和位移电流的概念，了解麦克斯韦电磁场方程组及麦克斯韦电磁理论建立过程中的物理思想和方法；了解电磁波谱和不同波长的电磁波的特点。

二、基本内容

1.电磁感应定律：法拉第电磁感应定律，楞次定律，动生电动势和感生电动势，电磁感应定律发现过程中的物理学思想和方法。

2.磁场的能量：互感，自感，磁场的能量。

3.电磁场的能量：辐射能，电磁场能量密度，坡印亭矢量。

4.麦克斯韦电磁理论：涡旋电场，位移电流，麦克斯韦电磁场方程组，电磁场建立过程中的物理学思想和方法。

5.电、磁、光大综合：电磁波预言，电磁波谱，伟大的综合。

三、基本内容概述

（一）电磁感应定律，楞次定律

法拉第电磁感应定律的表达式：$\varepsilon = -\dfrac{\mathrm{d}\Phi_m}{\mathrm{d}t}$

楞次定律：闭合回路中感应电流的方向，总是使得自己所激发的磁场来阻止引起感应电流的磁通量的变化。

（二）动生电动势，感生电动势

动生电动势：稳恒磁场中运动的导体产生的电动势。

感生电动势：由于磁场的变化而产生的电动势。

(三) 互感电动势,自感电动势,磁场能量密度

互感电动势:$\varepsilon_{21}=-\dfrac{\mathrm{d}\Phi_{21}}{\mathrm{d}t}=-M\dfrac{\mathrm{d}I_1}{\mathrm{d}t}$

自感电动势:$\varepsilon_L=-\dfrac{\mathrm{d}\Phi}{\mathrm{d}t}=-L\dfrac{\mathrm{d}I}{\mathrm{d}t}$

磁场能量密度:$w_{\mathrm{m}}=\dfrac{W_{\mathrm{m}}}{V}=\dfrac{1}{2}\boldsymbol{B}\cdot\boldsymbol{H}$

(四) 电磁场的能量密度,坡印亭矢量

电磁场的能量密度: $w=\dfrac{1}{2}(\varepsilon E^2+\mu H^2)$

坡印亭矢量:$S=wv=\dfrac{1}{2}v(\varepsilon E^2+\mu H^2)$

(五) 涡旋电场,位移电流

麦克斯韦提出了涡旋电场的假设,用 $\boldsymbol{E}$ 表示涡旋电场,则沿任意闭合回路 L 上的感生电动势为 $\varepsilon=\oint_L\boldsymbol{E}\cdot\mathrm{d}\boldsymbol{l}=-\dfrac{\mathrm{d}\Phi_{\mathrm{m}}}{\mathrm{d}t}$

麦克斯韦将通过电场中某截面的电位移通量的时间变化率 $\dfrac{\mathrm{d}\Phi_D}{\mathrm{d}t}$ 定义为通过该面的位移电流,即

$$I_D=\frac{\mathrm{d}\Phi_D}{\mathrm{d}t}=\frac{\mathrm{d}}{\mathrm{d}t}\int_S D\cdot\mathrm{d}S$$

(六) 麦克斯韦电磁场方程组的积分形式

$\oint_L\boldsymbol{E}\cdot\mathrm{d}\boldsymbol{S}=\dfrac{1}{\varepsilon_0}\sum_i q_i$ 电场的高斯定理

$\oint_L\boldsymbol{E}\cdot\mathrm{d}\boldsymbol{l}=-\dfrac{\partial\Phi_{\mathrm{m}}}{\partial t}$ 电场的环路定理 ——法拉第电磁感应定律

$\oint_L\boldsymbol{B}\cdot\mathrm{d}\boldsymbol{S}=0$ 磁场的高斯定理

$\oint_L\boldsymbol{B}\cdot\mathrm{d}\boldsymbol{l}=\mu_0 I_c+\mu_0\varepsilon_0\dfrac{\partial\Phi_{\mathrm{e}}}{\partial t}$ 全电流安培环路定理

(七) 电磁波的产生,电磁波谱

交替变化的电场(或磁场)在其周围将会产生交替变化的磁场(或电场),这种交变的电场或磁场不断由场源向远处传播就形成了电磁波。

将电磁波按照频率或波长的顺序排列成表,称为电磁波谱。

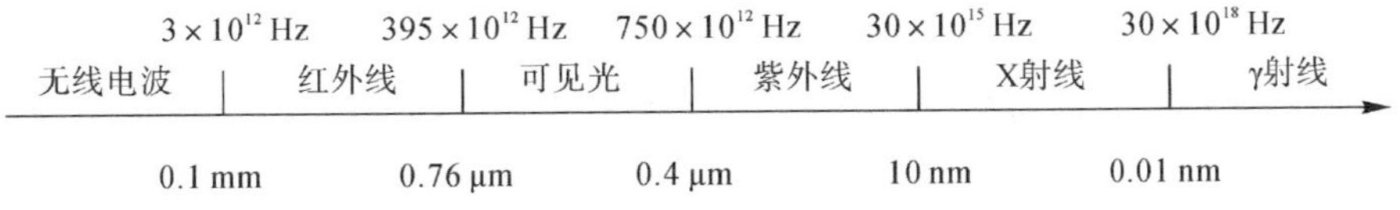

无线电波	红外线	可见光	紫外线	X射线	γ射线
	3×10^{12} Hz	395×10^{12} Hz	750×10^{12} Hz	30×10^{15} Hz	30×10^{18} Hz
	0.1 mm	0.76 μm	0.4 μm	10 nm	0.01 nm

四、习题解答

8-1 激发涡旋电场的场源是(　　)。

A. 静止电荷　　B. 运动电荷　　C. 变化磁场　　D. 电流

解 答案 C。

8-2 对位移电流,下述四种论述中正确的是(　　)。

A. 位移电流是由变化的磁场产生的

B. 位移电流是由变化的电场产生的

C. 位移电流的热效应服从焦耳-楞次定律

D. 位移电流的磁效应不服从安培环路定律

解 答案 B。

8-3 法拉第在发现电磁感应定律的过程中所体现出来的物理学思想与方法有哪些?

解 (1)自然力的统一性与可转化性;

(2)极具创造力的力线与场思想;

(3)丰富的想象力及深邃的直觉思维。

8-4 法拉第近距作用的场的观点是怎么提出的?它的重大意义何在?

解 法拉第一直对电磁相互作用持近距作用的观点,虽然由于数学功底上的欠缺,他并没有定量地给出电磁感应的数学表达式,但法拉第还是敏感地把握住了电磁感应的物理本质所在。他认为带电体与磁体周围存在着某种特殊的"状态",他用电力线和磁力线来描述这种状态。这种力线是一种客观存在的物质,充满整个空间,力线的疏密分布反映了力线的强弱。磁铁或电流的运动导致物质或空间中的力线出现张力,从而导致了"电紧张状态",这种状态的产生、消失以及变化均会产生感应电动势,处于这种状态的导体则会产生感应电流。

法拉第用磁力线的多寡来描述电紧张状态的强弱,用磁力线数量的增减描述电紧张状态的变化程度。由于电紧张状态的变化是产生感应电动势的原因,所以磁力线的增减正好度量了感应电动势的大小。这一近距作用的动态力线作用思想最终被麦克斯韦发扬光大,并完整地总结出了电磁感应定律的定量表达式。

力线概念和电紧张状态是法拉第近距作用观点场论思想的最初形式,它始终贯穿于法拉第随后所开展的电化学、电解理论的研究之中。总之,法拉第近距作用的力线概念向当时占统治地位的超距作用发起了挑战,由他萌芽的场的思想,为后人确立场论的思想迈出了极为重要的一步。

法拉第通过力线描绘近距作用的图像,使许多电磁现象的定性解释变得简明、直观、统一。英国开尔文勋爵对法拉第的力线思想给与了高度评价,他说:"在法拉第的许多贡献中，最伟大的一个就是力线概念了，我想借助于它就可以把电场和磁场的许多性质以最为简单而极富启发性的形式表示出来。”

8-5　什么是自感与互感？它们之间有什么区别与联系？在生活中，自感互感的例子有哪些？

解　两个邻近的闭合线圈，分别通有电流 I_1 和 I_2。当线圈 1 中电流变化时所激发的变化磁场，会在它邻近的另一线圈 2 中产生感应电动势；同样，当线圈 2 中的电流变化时，也会在线圈 1 中产生感应电动势。这种现象称为互感现象。

电流流过线圈时，其磁力线将穿过线圈本身，从而给线圈提供磁通。如果这电流随时间而变，则通过线圈自身的磁通量也发生变化，使线圈自身产生感应电动势。这种因线圈中电流变化而在线圈自身所引起的感应现象叫做自感现象。

自感：日光灯的镇流器。

互感：变压器、收音机的“磁性天线”。

8-6　麦克斯韦的涡旋电场和位移电流是怎样提出的？

解　为了给出电磁感应现象的数学表达，纽曼和韦伯曾先后给出了电磁感应现象的数学公式，但他们的前提假设是电磁场的超距作用，虽然可以很好地解释动生电动势，但面对感生电动势时却依然是一筹莫展。麦克斯韦在研究电磁理论时坚定地继承了法拉第近距作用的观点，同时又广泛地吸收了纽曼与韦伯的超距作用电磁学中的合理内容，麦克斯韦提出了涡旋电场的假设，用来解释构成感生电动势的非静电力的起源。麦克斯韦认为，即使不存在导体回路，变化的磁场在其周围也会激发一种电场，称为涡旋电场，这种涡旋电场施于电荷的力就是构成感生电动势的非静电力。麦克斯韦在坚持近距作用的基础下，用“涡旋电场”这个物理量来表示法拉第所提出的磁通量变化时的“电紧张状态”的变化率，很好地将法拉第的定性表述与纽曼和韦伯的定量数学表达结合了起来，完美地用数学的方法表达了电磁感应现象。麦克斯韦的涡旋电场假设已被许多实验所证实。

在研究变化电场与磁场之间的数量关系时，麦克斯韦注意到，在电容器充放电过程中，电容器两极板间虽然没有电荷的定向运动，但外电路中仍有电流通过，这就是说，就整个电路而言，传导电流是不连续的。麦克斯韦假设电容器两个极板间存在着一种类似于“电流”的物理量，这个物理量定义为位移电流。麦克斯韦将通过电场中某截面的电位移通量的时间变化率$\frac{\mathrm{d}\Phi_D}{\mathrm{d}t}$定义为通过该面的位移电流。

8-7　静电场和涡旋电场有什么区别与联系？位移电流与传导电流有什么区别与联系？

解　涡旋电场与静电场的共同点就是对位于场中的电荷有作用力。不同点：一是起源不同：静电场是由静止电荷激发的，而涡旋电场是由变化磁场激发的。二是性质不同：静电场的电力线起始于正电荷，终止于负电荷，是有源无旋场（电力线不闭合），从而静电场是保守场。而涡旋电场的电力线则是闭合的，是无源有旋场，从而涡旋电场是非保守场。

位移电流仅在产生磁场方面与传导电流等价，在其他方面均与传导电流有本质的差别，位移电流不是电荷的定向移动，它实质上是变化的电场，位移电流不会像传导电流那样产生焦耳热。

8－8 试述麦克斯韦方程组中每个方程的物理含义。

解 $\oint_S \boldsymbol{D}\cdot \mathrm{d}\boldsymbol{S}=q_0$ 表示电场是有源的（单位电荷就是它的源）。

$\oint_L \boldsymbol{E}\cdot \mathrm{d}\boldsymbol{l}=-\dfrac{\mathrm{d}\Phi_{\mathrm{m}}}{\mathrm{d}t}$ 表示变化的磁场可以产生电场（这个电场是有旋的）。

$\oint_S \boldsymbol{B}\cdot \mathrm{d}\boldsymbol{S}=0$ 表示磁场是无源的（磁单极子不存在，或者说到现在都没发现）。

$\oint_L \boldsymbol{H}\cdot \mathrm{d}\boldsymbol{l}=I_0+\dfrac{\mathrm{d}\Phi_D}{\mathrm{d}t}$ 表示变化的电场可以产生磁场（这个磁场是有旋的）。

8－9 电现象、磁现象、光现象是怎么统一起来的？

解 麦克斯韦在稳恒磁场的基础上引入涡旋电场及位移电流两个重要概念：变化的磁场可以在空间激发变化的涡旋电场，而变化的电场也可以在空间激发变化的涡旋磁场，因此，电磁场可以在没有自由电荷和传导电流的空间单独存在。

1865 年，麦克斯韦发表了电磁场理论的第三篇文章《电磁场的动力学理论》。在光的电磁理论这一部分，麦克斯韦根据电磁学的普遍方程，研究了电磁扰动的传播问题。经过计算，麦克斯韦得出了一系列重要的结论：

（1）在绝缘体内传播的电磁扰动是横波。麦克斯韦指出："由纯粹的扰动实验得出的电磁场方程显示，只有横波振动才能传播。"

（2）在空气或真空中，电磁波的传播速度等于光速 。麦克斯韦指出："能经过场传播的扰动，就它的方向来说，电磁学导致与光学相同的结论，两者都肯定横振动的传播，两者都给出相同的传播速度。"

（3）物质的折射率 n 与相对介电常数 ε_r 和相对磁导率 μ_r 的关系为 $n=\sqrt{\varepsilon_r\mu_r}$，后来此式称为麦克斯韦关系式。

（4）在晶体媒质（各向异性媒质）中，电磁波的波面为双层曲面，麦克斯韦给出了波面方程。

（5）光在导体中传播时，强度随传播距离指数下降，并求出了吸收系数与导体电阻率的关系。

麦克斯韦的电磁理论系统地总结了前人的成果，在此基础上做出了创造性的发展，提出了"涡旋电场"和"位移电流"的假说，从而统一了电磁理论。由麦克斯韦方程组可以得出最重要、最惊人的预言就是电磁场的扰动将以波动(横波)的形式传播,由此麦克斯韦预言了电磁波的存在。麦克斯韦发现,如果在空间某处有一电磁源,并假定其能产生交替变化(交变)的电场(或磁场),则在其周围将相应地会产生交变的磁场(或电场)。于是,这种交变的电场或磁场就可以不断由场源向远处传播开来,电磁振荡在空间的传播就形成了电磁波。

麦克斯韦利用电磁方程组还计算了电磁波在介质中的传播速度 $v=\frac{c}{\sqrt{\varepsilon_r \mu_r}}$,和真空中的电磁波传播速度为 $c=\frac{1}{\sqrt{\varepsilon_0 \mu_0}}\approx 3\times 10^8$ m/s,这一速度与真空和空气中的光速很接近,由此,麦克斯韦大胆预测光波就是电磁波。麦克斯韦做出这样的论断,说明光波与电磁波的本质是一样的,其实光就是一定波长范围的电磁波,光的本质“是一种按照电磁定律传播的电磁扰动”。麦克斯韦从理论上将光统一到了电磁理论之中,为光的波动学说奠定了坚实的理论基础。这样一来,麦克斯韦就按近距作用的场的思想将电学、磁学、光学这三者结合了起来,实现了物理学史上又一次伟大的综合。

1888 年,德国物理学家赫兹(H. R. Hertz ,1857—1894)首次用实验证明了电磁波的存在及其具有的反射、折射和干涉等性质,为麦克斯韦电磁理论的最终确立提供了可靠的实验证据。

8 - 10　什么是电磁波谱?试述各个波段波的特性。

解　电磁波的范围很广,从无线电波、红外线、可见光、紫外线到 X 射线、γ 射线。虽然它们的频率(或波长)不同,而且有不同的特性,但它们的本质完全相同,其在真空中的传播速度都是 c。为了对电磁波有全面的了解和便于比较,我们可以按照频率或波长的顺序把这些电磁波排列成图表,称为电磁波谱。

(1) γ 射线,波长在 0.4 Å(1 Å$=10^{-10}$ m),是放射性原子衰变时发出的电磁辐射,或用高能粒子与原子核碰撞所产生,具有能量大,穿透力强等特点,是研究物质微观结构的有力武器。

(2) X 射线,波长在 0.4～50 Å,是高速电子流轰击原子中的内层电子而产生的电磁辐射,也具有能量大、穿透力强的特点。利用这些性质在医疗中可进行透视、拍片,在工业中进行探伤、检测等。另外电子做高速圆周运动所产生的连续 X 射线是一种新型的光源,称同步辐射光源。这种光源具有输出功率大,射线方向性好,能量可调等优点。在微电子技术的发展中用它可进行超微细刻的应用,以满足高技术发展对微电子器件需求。近年来快速发展的另外一个重要方面是 X 光深度光刻,用它和电铸、塑铸等工艺结合可制造三维立体微结构器件,如微齿轮、微电机、微泵、微传感器等。

(3) 紫外线,波长约在 50～4000 Å,它是由炽热的物体、气体放电或其他光源激发分子或原子等微观客体所产生的电磁辐射。紫外线具有较强的荧光作用,某些物质,如煤油、含有稀土元素的纸币,甚至人的牙齿、指甲和皮肤,在紫外线的照射下,都会发出微弱的可见光。移去光源,可见光也立即消失。另外紫外线还具有显著的生理作用,例如,有较强的灭菌杀虫能力。这是因为它的光子能量刚好能够破坏细胞等生命物质。因此,人若受紫外线的长期照射,将损害人的免疫系统。同时,紫外线的长期照射,对海洋和陆地生态系统也将产生有害影响,抑制农作物生长,使粮食减产;损害海洋生物,破坏海洋食物链。可以说,我们之所以能生活在地球上,全靠地球上空大气中的臭氧层,正是由于它的存在,吸收了大量进入大气层中的紫外线,使来自太阳的紫外线只有不到 1%能到达地面。因此,我们人类有责任保护环境,控制有害气体排放。

(4)可见光,波长在 4000～7600 Å,其产生方式与紫外线相同。在电磁波谱中,只有这部分能使人的眼睛产生感光作用,所以又叫光波。不同颜色的光,实际上是不同波长的电磁波,而白光则是三种或三种以上不同颜色的光混合的结果。

(5) 红外线,波长约从 7600 Å～600 μm,产生方式同紫外线、可见光相同(这三部分光波合称为光辐射)。红外线具有显著的热效应,能透过浓雾或较厚的云层。红外线的发射和探测技术在工业、医疗、资源勘探、气象监测以及军事等许多领域有着广泛的应用。例如,利用红外热像仪可以对肿瘤早期诊断,在冶金工业中对加热炉中的温度进行快速探测,监测核电站反应堆建筑物温度是否有异常变化。将红外遥感器装在人造卫星上可监视地面上的军事目标和民用目标。在气象卫星上安装多光谱辐射计等遥感装置,利用卫星运行速度快、视场面积大的特点,在短时间就可获取全球性气象和地质资料。在各种电磁波段的遥感中,红外遥感占有重要地位,它能摄制云图,特别是地球背对太阳部分的云图,收集地面温度垂直分布、大气中水汽分布、臭氧含量及大气环流等宝贵的气象资料。另外,利用红外技术还可进行红外通信、红外安保、报警、文物鉴定和红外防伪等。

(6) 无线电波,波长从几毫米到几千米,无线电波是由线路中电磁振荡所激发的电磁辐射,因波长不同而分为长波、中波、短波、微波四个波段,它们的波长范围和用途如教材表 8-1 所示。

8-11 动生电动势和感生电动势的本质分别是什么,它们之间有什么区别与联系?

解 只要穿过闭合回路的磁通量发生变化,就会在回路中产生感应电动势。据磁通量改变的原因,我们可以将感应电动势分为两类,一类是稳恒磁场中运动的导体产生的电动势称为动生电动势;另一类是由于磁场的变化而产生的电动势称为感生电动势。

1. 动生电动势

导体在恒定磁场中的运动(切割磁力线)而产生动生电动势。一均匀磁场垂直于纸面向里,长为 L 的导线 AB 垂直于磁场并以速度 $\boldsymbol{v}$ 水平向右运动。这时,金属导线中的自由电子受到的洛伦兹力为 $\boldsymbol{F}_{\mathrm{m}}=-e\boldsymbol{v}\times\boldsymbol{B}$,竖直向下,这相当于有一个非静电性场强 $\boldsymbol{E}_k$ 起作用,可将其表示为 $\boldsymbol{E}_k=\dfrac{\boldsymbol{F}_{\mathrm{m}}}{-e}=\boldsymbol{v}\times\boldsymbol{B}$。这种非静电性电场搬运自由电子的能力就是动生电动势。在此非静电性场强 E_k 的作用下,电子沿导线自上而下运动,其结果是在导体 A 端形成正电荷积累,B 端形成负电荷积累。这样,在导体内形成了一个自上而下的静电场,自由电子在这个电场受电场力 F_{e} 的作用自下而上地运动,达到平衡时,导体内便出现了一个稳定的电动势。

2. 感生电动势

感生电动势完全是由变化的磁场引起的。为了解释构成感生电动势的非静电力的起源,物理学家麦克斯韦提出了涡旋电场的假设:即使不存在导体回路,变化的磁场在其周围也会激发一种电场,称为涡旋电场,这种涡旋电场施于电荷的力就是构成感生电动势的非静电力。麦克斯韦的上述假设已为许多实验所证实。

若用 E_k 表示涡旋电场,由麦克斯韦假设,沿任意闭合回路 L 的感生电动势为

$$\varepsilon=\oint_L E_k\cdot \mathrm{d}l=-\frac{\Phi_{\mathrm{m}}}{\mathrm{d}t}$$

8－12　电磁感应定律的应用有哪些?请用生活中的例子举例说明。

解　发电机。法拉第电磁感应定律因电路及磁场的相对运动所造成的电动势,是发电机背后的根本现象。当永久性磁铁相对于一导电体运动时(反之亦然),就会产生电动势。如果电线这时连着电负载的话,电流就会流动,并因此产生电能,把机械运动的能量转变成电能。

电动机。发电机可以“反过来”运作,成为电动机。

变压器。法拉第定律所预测的电动势,同时也是变压器的运作原理。当线圈中的电流转变时,转变中的电流生成一转变中的磁场。在磁场作用范围中的第二条电线,会感受到磁场的转变,于是自身的耦合磁通量也会转变。因此,第二个线圈内会有电动势,这电动势被称为感应电动势或变压器电动势。如果线圈的两端是连接着一个电负载的话,电流就会流动。

电磁流量计。法拉第定律可被用于量度导电液体或等离子体状物的流动。这样一个仪器被称为电磁流量计。

8－13　试述统一综合的方法在物理学发展史中所起的重要作用。麦克斯韦是怎样实现电磁学大综合的?

解　纵观物理学史,观察各种新的现象,寻找其间的联系,发现遵循的规律,揭示深藏的本质,进而建立统一的理论,提供和谐一致的解释,并关注可能的应用前

景等等，是物理学家代代相传的执着追求，成为推动物理学发展的强劲动力。

麦克斯韦的电磁场理论是继牛顿力学之后又一次理论大综合，这是又一个完整的理论体系。麦克斯韦总结了电磁学发展所取得的成果，他对那些已取得的成果进行了统一的逻辑整理，将它们放到了他所创建的新的完整的电磁理论体系的合适位置上，再假设了感生电场和位移电流，从而构建出了一个全新的理论体系。

自然界是和谐的，表现出来也应该是简单、对称、完备的。这样的力量促使物理学家们对统一的理论情有独钟。牛顿的万有引力定律跨越了“天上”与“人间”的鸿沟。作为物理学中第一个完整理论体系的牛顿三定律与万有引力定律，更是人类认识自然历史中的第一次大综合；麦克斯韦的电磁理论是继牛顿力学之后的又一次伟大的理论综合，它不仅为电磁现象提供了理论解释，而且实现了电磁学与光学的统一。之后，爱因斯坦接过统一综合的大旗，他的狭义相对论把物质的运动与时空联系了起来，建立了新的时空观，实现了电磁学与力学的统一；而爱因斯坦的广义相对论进一步把只适用于惯性系的狭义相对论推广到任意参考系，并且把引力纳入到了他的理论体系中。近些年来，发展火热的大统一理论，正是要将强相互作用、弱相互作用、电磁相互作用以及引力相互作用统一的终极物理学理论。虽然仍在争论与论证之中，但综合方法的运用早已深入物理学家的骨髓之中，并一次次地验证了它的有效性。随着科学技术的发展，在更加广泛和更加深入的层次上建立新的统一理论的工作将永无止境。

8-14 如习题 8-14 图所示，一个条形磁铁，迅速靠近绕有 20 圈的圆形线圈。在线圈面上 $B\cos\theta$ 的平均值在 0.25 s 内由 0.0125 T 增大到 0.45 T，如果线圈的半径是 4 cm，整个线圈导线的电阻是 3.5 Ω，试计算：

(a) 感应电动势的大小；

(b) 感应电流的大小；

(c) 在图示条件下，为了使感应电流达到 0.100 A，试问线圈的圈数要增加到多少？

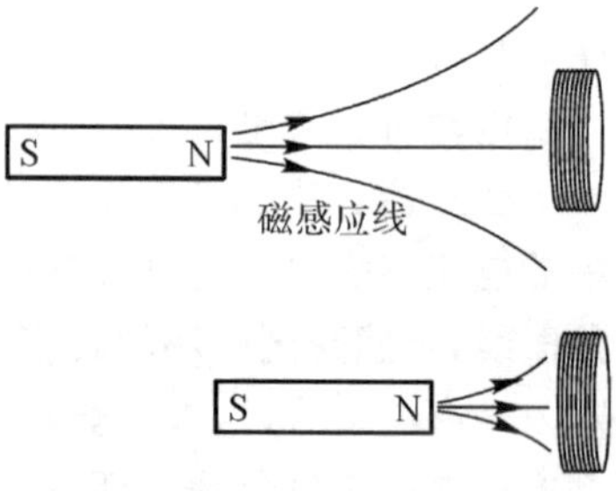

S N 磁感应线

S N

习题 8-14 图

解 (a) $E=-N\dfrac{d\Phi_m}{dt}=-NS\dfrac{d(B\cos\theta)}{dt}$

$N=20, S=\pi r^2=\pi\times0.04^2=5\times10^{-3}\ m^2$

$\dfrac{d(B\cos\theta)}{dt}=\dfrac{0.45-0.0125}{0.25}=1.75\ T/s$

$E=-1.75\ T/s\times5\times10^{-3}\ m^2\times20=-0.175\ V$

(b) $I=\dfrac{E}{K}=\dfrac{0.175\ V}{3.5\ \Omega}=0.05\ A$

(c) 条件不变，电流增大一倍，线圈数也应增大一倍，所以线圈数要增加到 40 圈。

五、练习题

8-1　试述涡旋电场与静电场的相同点与不同点。

8-2　具有显著热效应、可进行透视和工业探伤以及能使人的眼睛产生感光作用的电磁波分别是什么?

8-3　下列不是利用电磁感应定律的实际应用是(　　)。

A. 扩音器(麦克风)　　B. 电磁炉

C. 3D 眼镜　　D. 交流发电机

8-4　大胆预言光波是电磁波的物理学家是(　　)。

A. 法拉第　　B. 麦克斯韦

C. 赫兹　　D. 楞次

8-5　对于 γ 射线、紫外线、可见光、微波,下列判断正确的是(　　)。

A. 按照波长增大的顺序排列为:γ 射线、紫外线、可见光、微波

B. 按照频率增大的顺序排列为:可见光、紫外线

C. 能量大、穿透力强的是 γ 射线、微波

D. 使人产生不同颜色感觉的是可见光、微波

8-6　能够解决宏观电磁场各种问题的理论是(　　)。

A. 电磁感应定律　　B. 楞次定律

C. 高斯定理　　D. 麦克斯韦方程组

8-7　关于电磁场(波),下列说法中不正确的是(　　)。

A. 电磁场能量的传播方向与电磁波的速度方向不同

B. 电磁场是一种存在于空间的物质

C. 电磁场的能量是电场和磁场能量的总和

D. 电磁波是传播速度等于光速的横波

8-8　位移电流是不同于________的一种假想电流,位移电流假说的核心思想是________________________________。

第 9 章　气体动理论和热力学基础

一、基本要求

1. 掌握平衡态的概念和气体状态参量的含义，掌握理想气体物态方程。

2. 理解理想气体的压强、温度和内能的微观本质，掌握理想气体的压强和内能的计算公式。

3. 理解麦克斯韦速度分布率的物理意义，掌握理想气体分子的最概然速率、方均根速率和平均速率。理解统计方法引入物理学领域对物理学产生的影响。

4. 掌握热力学第一定律的内容和气体摩尔热容的概念，理解理想气体的等容、等压、等温以及绝热过程。理解工质、热机、循环过程等概念，了解热机效率的含义及卡诺循环过程。

5. 掌握热力学第二定律的两种表述。理解可逆与不可逆过程的含义。了解熵的概念和熵增加原理。

二、基本内容

1. 气体分子的微观结构：热力学系统的基本概念，理想气体物态方程，理想气体的压强和温度，理想气体的内能，麦克斯韦速度分布率，物理学研究路线之二——随机事件的统计规律性。

2. 热力学第一定律：热力学第一定律，热力学第一定律对理想气体准静态过程的应用，热机效率与卡诺循环。

3. 热力学第二定律：热力学第二定律，可逆与不可逆过程，熵与熵增加原理。

三、基本内容概述

（一）理想气体物态方程

$$pV=\nu RT$$

式中，ν 为理想气体的摩尔数；R 为普适气体常数。

（二）理想气体的压强和内能

理想气体的压强公式为

$$p=\frac{2}{3}n\bar{\varepsilon}_k$$

摩尔理想气体的内能是

$$E_0=\frac{i}{2}N_0kT=\frac{i}{2}RT$$

式中，i 为理想气体分子的自由度；k 为玻尔兹曼常数。

（三）麦克斯韦速率分布律

麦克斯韦用概率理论导出了平衡态下理想气体的速率分布函数

$$f(v)=4\pi\left(\frac{m}{2\pi kT}\right)^{3/2}\mathrm{e}^{-\frac{mv^2}{2kT}}v^2$$

式中，m 是分子质量；T 是气体的热力学温度；k 为玻耳兹曼常数。

气体中速率在 $v\sim v+\mathrm{d}v$ 之间的分子数的比率则为

$$\frac{\mathrm{d}N}{N}=f(v)\mathrm{d}v=4\pi\left(\frac{m}{2\pi kT}\right)^{3/2}\mathrm{e}^{-\frac{mv^2}{2kT}}v^2\mathrm{d}v$$

这一规律称为麦克斯韦速率分布律。

理想气体分子的最概然速率、方均根速率和平均速率。

(1) 最概然速率 v_p：

$$v_p=\sqrt{\frac{2kT}{m}}=\sqrt{\frac{2RT}{\mu}}\approx1.41\sqrt{\frac{RT}{\mu}}$$（μ 表示分子的摩尔质量）

(2) 平均速率 $\bar{v}$：

$$\bar{v}=\int_0^N\frac{v\mathrm{d}N}{N}=\int_0^\infty vf(v)\mathrm{d}v=\sqrt{\frac{8kT}{\pi m}}=\sqrt{\frac{8RT}{\pi\mu}}\approx1.60\sqrt{\frac{RT}{\mu}}$$

(3) 方均根速率 $\sqrt{\overline{v^2}}$：

$$\sqrt{\overline{v^2}}=\sqrt{\frac{3kT}{\pi m}}=\sqrt{\frac{3RT}{\mu}}\approx1.73\sqrt{\frac{RT}{\mu}}$$

（四）热力学第一定律

热力学第一定律即能量守恒和转换定律，即热力学系统内的能量可以传递，其形式可以转换，在转换和传递过程中各种形式能量的总量保持不变。

气体的摩尔热容是指 1 mol 物质的热容量，若 1 mol 物质在一微小过程中吸收热量 $\mathrm{d}Q$，温度升高 $\mathrm{d}T$，则摩尔热容为 $C=\frac{\mathrm{d}Q}{\mathrm{d}T}$。

（五）热力学第二定律

热力学第二定律的两种表述：

(1) 开尔文表述：不可能从单一热源吸取热量使之完全变为有用的功，而不产生其他影响。

(2) 克劳修斯表述：不可能把热量从低温物体传向高温物体，而不引起其他变化。

四、习题解答

9－1 氦气和氧气，若它们的分子平均速率相同，则（　　）。

A. 它们的温度相同　　B. 它们的分子平均平动能相同

C. 它们的分子平均动能相同　　D. 以上答案都不对

解 答案 D。A. 温度和内能有关，即 $E_k=\frac{1}{2}mv^2$，m 不同故温度不同。B. $\varepsilon_k=\frac{3}{2}kT$，$T$ 不同故分子平均平动能不同。C. 同 A。故 D 正确。

9－2 若用 N 表示总分子数，$f(v)$ 表示麦克斯韦速率分布函数，下面哪一个积分表示分布在速率区间 $v_1\sim v_2$ 内所有气体分子的总和？

A. $\int_{v_2}^{v_1} f(v)\mathrm{d}v$　　B. $\int_{v_2}^{v_1} Nf(v)\mathrm{d}v$　　C. $\int_{v_2}^{v_1} vf(v)\mathrm{d}v$　　D. $\int_{v_2}^{v_1} Nvf(v)\mathrm{d}v$

解 答案 B。$\int_{2}^{\infty} f(v)\mathrm{d}v=1$，则 $\int_{v_2}^{v_1} Nf(v)\mathrm{d}v$ 表示分布在速率区间 $v_1\sim v_2$ 内所有气体分子的总和，B 正确。

9－3 举例说明热能与温度实际上是两种不同的东西。

解 温度为 0 ℃的冰的温度为 0，当它降温到－10 ℃放出的热量为正值。

9－4 举出两种有重大社会意义的普通热机。

解 热机是将燃料的化学能转化成内能再转化成机械能的动力机械的一类机器，如蒸汽机、汽轮机、燃气轮机、内燃机、喷气发动机等。热机通常以气体作为工质（传递能量的媒介物质叫工质），利用气体受热膨胀对外做功。热能的来源主要有燃料燃烧产生的热能、原子能、太阳能和地热等。

9－5 举出汽车的两种代用燃料（汽油或柴油以外）。

解 电能，太阳能。

9－6 哪个（些）物理学定律区别前向与后向两个时间方向？

解 热力学第二定律，熵的增加原理等。

9－7 一片生长的叶子增加其有序度，是否违反热力学第二定律？加以说明。

解 不违反，因为有其他能量的介入，不是自发完成的，比如养料、光能。

9－8 试想出至少一种使热能从较冷处流向较热处的技术设备。这种设备违反热传递定律吗？加以说明。

解 冰箱；它不违反第二定律，冰箱中的热能流动不是自发的（冰箱的运转将热能从里面抽出）。

9－9 能够将一定数量的动能全部转换为热能吗？能够将一定数量的热能全部转换为动能吗？对每种情况给出一个例子或说明不可能的原因。

解　可以,例子是将一本书扔到桌上。

不可以,因为第二定律禁止这样做。

9-10　以下哪些不是热机:天然气灶、发电机、水电站、酒精燃料汽车、自行车、太阳能电站、蒸汽机车。

解　水电站、自行车。

9-11　说明步行与骑自行车的能量输入。步行与骑自行车的行为如何说明了热力学第二定律?

解　步行能量来自于人体消化食物的化学能。人做功转化为自行车的动能。

人前进的动能与阻力做的功均来自人体的化学能;自行车的动能和阻力对自行车做的功来自于人对自行车做的功。

9-12　下面哪些是可再生能源:煤、木柴、核能、风力、水库中的水。

解　木柴、核能、风力、水库中的水。

9-13　在汽车消耗的每 100 桶汽油中,大约有多少桶实际上用来驱动一辆小汽车在路上奔跑?

解　假定效率为 13%,大约有 13 桶。

9-14　两座燃煤发电厂的发电量相同。如果第一座发电厂的能量效率是第二座发电厂的两倍,那么它们排放的污染相比较如何?

解　第二座发电厂排放的污染是第一座发电厂的两倍。

9-15　关于平衡态和准静态:

(1) 什么叫平衡态? 如习题 9-15(a)图所示,将金属棒一端插入盛有冰水混合物的容器,另一端与沸水接触,当金属棒各处温度稳定时,它是否处于平衡态?

(2) 什么是准静态过程? 气体绝热自由膨胀是吗?

为了计算简单,将 N 个分子组成的理想气体分子的速率分布曲线简化为如习题 9-15(b)图所示形状,其中 v_0 已知,求:① 速率分布函数最大值 f_m;②$0.5v_0$—$2v_0$ 速率区间内的分子数;③N 个分子的平均速率。

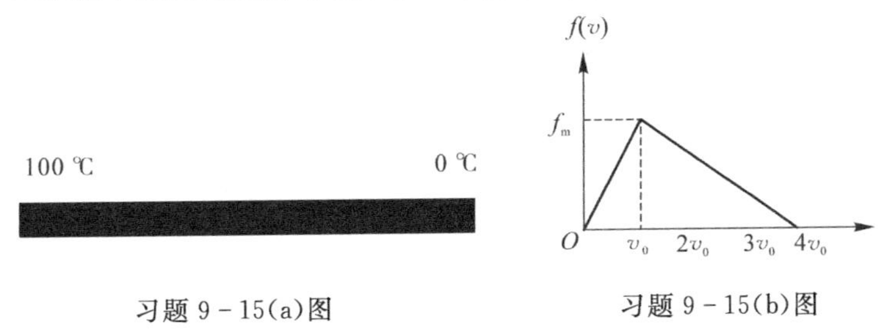

习题 9-15(a)图　　习题 9-15(b)图

解　(1) 对于一个孤立系统,经过足够长的时间,系统必将达到一个宏观性质均匀一致且不随时间变化的状态,这种状态称为平衡态。当金属棒各处温度稳定时，它处于平衡态。

（2）准静态过程是指系统从一个平衡状态向另一个平衡状态变化时经历的全部状态的总和。过程是系统平衡被破坏的结果。气体绝热自由膨胀是准静态过程。

其余答案略。

9-16 试计算气体分子热运动速率的大小介于$(v_p-v_p/100)$和$(v_p+v_p/100)$之间的分子数占总分子数的百分数。

解 按题意

$$v=v_p-\frac{v_p}{100}=\frac{99}{100}v_p$$

$$\Delta v=\left(v_p+\frac{v_p}{100}\right)-\left(v_p-\frac{v_p}{100}\right)=\frac{v_p}{50}$$

在此利用 v_p，引入 $W=v/v_p$，把麦克斯韦速率分布律改写成如下简单形式：

$$\frac{\Delta N}{N}=f(W)\Delta W=\frac{4}{\sqrt{\pi}}W^2\mathrm{e}^{-W^2}\Delta W$$

现在

$$W=\frac{v}{v_p}=\frac{99}{100}\qquad \Delta W=\frac{\Delta v}{v_p}=\frac{1}{50}$$

把这些量值代入，即得

$$\frac{\Delta N}{N}=\frac{4}{\sqrt{\pi}}\left(\frac{99}{100}\right)^2\mathrm{e}^{-\left(\frac{99}{100}\right)^2}\frac{1}{50}=1.66\%$$

9-17 某种气体分子在温度 T_1 时的方均根速率等于温度为 T_2 的平均速率，求$\frac{T_2}{T_1}$。

解 由 $\sqrt{\overline{v^2}}=\sqrt{\frac{3RT}{\mu}}$和$\bar{v}=\sqrt{\frac{8RT}{\pi\mu}}$得

$$\sqrt{\frac{3RT_1}{\mu}}=\sqrt{\frac{8RT_2}{\pi\mu}}$$

即

$$\frac{T_2}{T_1}=\frac{3\pi}{8}\approx 1.18$$

9-18 一条等温线和一条绝热线有可能相交两次吗？为什么？

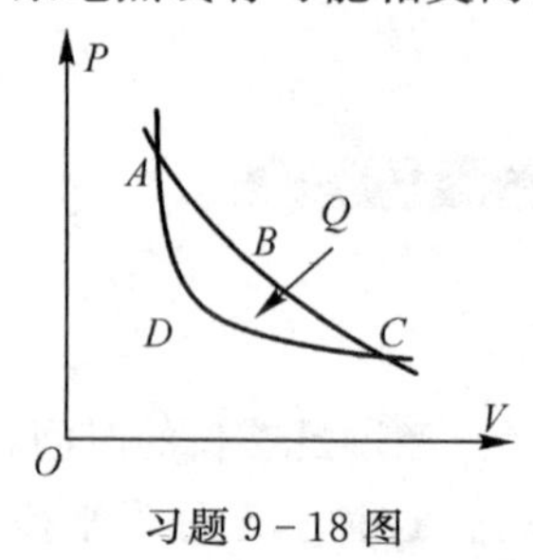

习题 9-18 图

证明绝热线与等温线不能相交于二点。

证明 1　应用反证法。设等温线(ABC)与绝热线(ADC)相交于两点 A、C。令系统作正循环,$ABCDA$。则过程 ABC 吸热 Q_1,经一循环做功 $A=S_{ABCD}$。构成(CDA)Q_2,造了一个第二永动机,违背了开尔文表述。(还可用热力学第一定律或其他方法证明)

证明 2　设两绝热线交于 A,则可作等温线 BC 与两绝热线分别交于 B、C,并构成一个循环,令系统作正循环 $BCAC$,则:等温膨胀 BC,系统吸收 Q,CA、AB 无热量交换。但该循环对外做净功 $A=S_{ABCD}$,亦构成一个第二永动机,违背了开尔文表述。故原命题成立。

9－19　一条等温线和两条绝热线是否可能构成一个循环? 为什么?

证明　设想构成循环,等温过程可以吸热,但是没有放热过程,与热力学第二定律矛盾。所以不能构成循环。

9－20　为提高热机效率,为什么实际上总是设法提高高温热源的温度,而不是从降低低温热源的温度来考虑?

解　热机效率 $\eta=\dfrac{A}{Q_1}=\dfrac{Q_1-Q_2}{Q_1}=1-\dfrac{Q_2}{Q_1}$,热源温度越高热机越容易从外界吸收热量即 Q_1 大,越不易向热源放出热量即 Q_2 小,所以提高高温热源的温度可以提高热机效率,反之则降低热机效率。

9－21　试证明理想气体可逆过程热温比的积分与过程无关,只与始末两态有关。

证明 克劳修斯引入了熵的概念。对于一个卡诺热机的效率有

$$\eta=1-\frac{Q_2}{Q_1}=1-\frac{T_2}{T_1}$$

现在我们规定吸收的热量为正,放出的热量为负,则上式可写为

$$\frac{Q_1}{T_1}+\frac{Q_2}{T_2}=0$$

说明在可逆卡诺循环中,$\dfrac{Q}{T}$在整个循环过程中的代数和为零。

对任意的可逆循环过程,可以看成是由许多小卡诺循环组成的。这样可逆循环的热温比近似等于所有小卡诺循环热温比之和,其总和为零,即

$$\sum_{i-1}^{n}\frac{Q_i}{T_i}=0$$

理想气体可逆过程热温比的积分与过程无关,只与始末两态有关。

9－22　有人声称他制造出了一种工作在温度为 600 K 和 300 K 的两个热源之间的新型热机,每分钟消耗 0.5 kg 的燃料(燃烧值为 4.2×10^7 J/kg),其功率为

180 kW,你认为有这种可能么?

可能,理想热机的效率为:$\eta=1-\frac{Q_2}{Q_1}=1-\frac{T_2}{T_1}=50\%$

每秒燃烧热量:4.2×10^7 J/kg$\times0.5$ kg/60 s$=1.4\times10^7$ J/s

功率:1.8×10^5 J/s

1.4×10^7 J/s$\times50\%>1.8\times10^5$ J/s, 所以可行。

9-23 标准状态下 1.6×10^{-2} kg 的氧气,分别经过下列过程并从外界吸热 334.4 J。

(1)经等容过程,求末状态的压强;

(2)经等温过程,求末状态的体积;

(3)经等压过程,求气体内能的改变。

解 已知氧气的摩尔质量

$$M=32\times10^{-3}\ \text{kg/mol}$$
$$Q=334.4\ \text{J}$$

(1)在等容过程中,$Q=\frac{m}{M}C_V(T-T_0)$, 则

$$T=\frac{MQ}{mC_V}+T_0=\frac{32\times10^{-3}\times334.4}{1.6\times10^{-2}\times2.5\times8.31}+273=305\ \text{K}$$

由$\frac{P}{T}=\frac{P_0}{T_0}$得

$$P=\frac{P_0}{T_0}T=\frac{1}{273}\times1.013\times10^5\times305=1.13\times10^5\ \text{Pa}$$

(2)在等温过程中,$Q=\frac{m}{M}RT_0\ln\frac{V}{V_0}$,且已知

$$V_0=\frac{m}{M}\times22.4\times10^{-2}=1.12\times10^{-2}\ \text{m}^3$$

$$\ln\frac{V}{V_0}=\frac{mQ}{mRT_0}=\frac{32\times10^{-3}\times334.4}{0.016\times8.31\times273}=\frac{334}{1134}$$

$$V=V_0\text{e}^{334/1134}=1.5\times10^{-2}\ \text{m}^3$$

(3)在等压过程中,$Q=\frac{m}{M}C_P(T-T_0)$则

$$T=\frac{MQ}{mC_P}+T_0=\frac{32\times10^{-3}\times334.4}{0.016\times\frac{7}{2}\times8.31}+273=269\ \text{K}$$

$$\Delta E=\frac{m}{M}C_V(T-T_0)=\frac{0.016}{0.032}\times\frac{5}{2}\times8.31\times(269-273)=-239\ \text{J}$$

9-24 一卡诺热机在 1000 K 和 300 K 的两热源之间工作。(1)若高温热源

提高到 1100 K;(2)若低温热源降到 200 K,求热机效率各增加多少?

第一座发电厂的污染是第二座的一半。

解　(1) $\eta_1=1-\dfrac{T_2}{T_1}=70\%$

$\eta_2=1-\dfrac{T_2}{T_1}=72.7\%$,增加了 2.7%

(2) $\eta_3=1-\dfrac{T_2}{T_1}=80\%$,增加了 10%

9-25　一卡诺循环的热机,高温热源的温度是 400 K,每一循环从此吸热 100 J,并向低温热源放热 80 J。求:(1)低温热源的温度;(2)此循环的热机效率。

解　(1) $\eta=1-\dfrac{Q_2}{Q_1}=1-\dfrac{T_2}{T_1}=20\%$

$T_2=320\text{ K}$

(2) 20%

9-26　设一卡诺机工作于高低温热源(T_1 和 T_2)之间,求每次循环中,两热源和机器工作物质这个总系统的熵变。

解

$$\eta=1-\frac{Q_2}{Q_1}=1-\frac{T_2}{T_1}$$

$$\mathrm{d}S=\frac{Q_1}{T_1}+\frac{Q_2}{T_2}=0$$

9-27　1 kg 0 ℃的水和 100 ℃的热源接触,当水温达到 100 ℃时,水的熵增加多少?热源的熵增加多少?水和热源的总熵增加多少?(水的定压比热容为 $4.187\times10^3\text{ J}\cdot\text{kg}^{-1}\cdot\text{K}^{-1}$)

解　水的熵增加

$$\mathrm{d}S_{水}=\frac{\mathrm{d}Q_{水}}{T_{水}}=\frac{cm\Delta t}{T_{水}}=4.187\times10^5$$

热源的熵增加

$$\mathrm{d}S_{源}=\frac{\mathrm{d}Q_{源}}{T_{源}}=\frac{-\mathrm{d}Q_{水}}{T_{水}}=-4.187\times10^5$$

水和热源的总熵增加

$$\mathrm{d}S_{总}=\mathrm{d}S_{水}+\mathrm{d}S_{热源}=0$$

五、练习题

9-1　简述统计方法引入物理学领域对物理学产生的影响。

9-2　一容积为 1.0 m^3的容器内装有 1.0×10^{24}个氧分子和 3.0×10^{24}个氮分子组成的混合气体,混合气体的压强为 2.58×10^4 Pa,求:(1) 分子的平均平动能;

(2) 混合气体的温度。

9-3 气体分子速率分布曲线的极大值对应的速率为(　　)。

A. 平均速率　　B. 最概然速率

C. 方均根速率　　D. 最大速率

9-4 能够解释气体分子扩散现象的规律是(　　)。

A. 能量均分定理　　B. 热力学第一定律

C. 玻尔兹曼能能量分布律　　D. 热力学第二定律

9-5 若储气瓶中氧气分子的平均平动动能是 6×10^{-21} J,则温度为(　　)。

A. 17 ℃　　B. 27 ℃

C. 35 ℃　　D. 23 ℃

9-6 处在温度为 T 的平衡态下的 1 mol 氦气和 1 mol 氮气的内能分别为________和________。

9-7 试述热力学第二定律的两种表述的等价性。

9-8 空气的平均摩尔质量为 28.9×10^{-3} kg·mol^{-1},求温度为 273 K 时空气分子的平均速率和方均根速率。

第 10 章　通往微观世界的三大发现
——原子结构与核辐射

一、基本要求

1. 了解电子和 X 射线的发现过程和意义，理解汤姆逊的原子模型、卢瑟福的原子有核模型，掌握玻尔原子理论的三条假设和玻尔半径、能级、能量量子化的概念。

2. 了解原子核的结构和中子发现的重要意义；理解原子核的质量亏损及原子核结合能的概念，掌握核力的特点。

3. 了解放射性的发现过程，掌握三种放射性衰变过程的特点和半衰期的概念，了解核衰变时间的估计方法及核衰变的应用。

4. 理解电子显微镜、高能粒子加速器的工作原理；掌握同步辐射的概念和主要特性，了解重核裂变、轻核聚变的应用。

二、基本内容

1. 电子的发现和 X 射线的发现，汤姆逊的原子模型，卢瑟福的原子有核模型，原子的玻尔理论。

2. 核结构和核力，原子核的放射性，原子核结合能。

3. 三种放射性衰变过程，放射性的衰变规律。

4. 电子显微镜，高能粒子加速器，同步辐射，重核裂变，轻核聚变。

三、基本内容概述

(一) 电子的发现与汤姆逊原子模型

汤姆逊的实验表明：阴极射线中的粒子流带负电、速度远小于光速、核质比远大于氢核。

电子的特点：电子可以从原子中分割出来；具有相同的质量和负电荷；电子质量小于氢原子质量的千分之一。

汤姆逊的原子模型：原子是由带负电的电子和带正电的物质所组成，呈电中性；正电荷连续均匀地分布在整个原子大小的球体内，电子均匀镶嵌在球体的不同位置；电子质量很小，原子质量基本上存在于正电荷部分。

(二) 卢瑟福的原子有核模型

α粒子散射实验发现大角度散射,与基于汤姆逊原子模型的计算结果不符。

原子有核模型:原子具有类似太阳系的结构,原子中心是带正电的原子核,集中了几乎整个原子质量;电子绕着原子核旋转,原子核所带正电荷电量与电子所带负电相等。

(三) 原子的玻尔理论

1.玻尔关于氢原子的三条假设:

定态假设(原子只能处在具有不连续能量的稳定状态);跃迁假设 $\nu=\frac{|E_k-E_n|}{h}$;角动量量子化假设 $L=mvr=n\frac{h}{2\pi}=n\hbar$。

2.玻尔关于氢原子的两条量子化结论:

轨道半径的量子化:$r_n=n^2\left(\frac{\varepsilon_0 h^2}{\pi m e^2}\right)=n^2 r_1 \quad n=1,2,3,\cdots$

能量的量子化:$E_n=-\frac{1}{8\pi\varepsilon_0}\frac{e^2}{r_n}=\frac{E_1}{n^2}$

(四) 玻尔理论的成功之处与局限性

成功之处:成功地把氢原子结构和光谱线结构联系起来。提出了轨道角动量、轨道半径、能量的量子化。

局限性:不能处理复杂原子的问题,根源在于对微观粒子的处理仍沿用了牛顿力学的观念(轨道)。

(五) 原子核的结构

原子核的电荷和质量:用两个物理量标示原子核特征 ${}_Z^AX$(核电荷数 Z,质量数 A)。

原子核的大小和形状:电荷、物质分布形状呈旋转椭球形;核的体积正比于质量数。

原子核的结构:1919 年卢瑟福发现质子;1932 年查德威克发现中子;1932 年,海森伯和伊凡宁柯各自独立地提出了原子核是由质子和中子组成的核结构模型。

(六) 一种新的相互作用力——核力

质量亏损:$\Delta m=\frac{\Delta E}{c^2}$

原子核的比结合能:$\frac{\Delta E}{A}=\frac{\Delta m c^2}{A}$

核力的特点:吸引力;强力;短程力;饱和性。

(七) 原子核的放射性

1896 年贝克勒尔发现放射性元素铀。

居里夫妇发现放射性元素钋和镭。

α 放射性衰变的一般表达式。

$$^{A}_{Z}X \rightarrow ^{A-4}_{Z-2}Y + ^{4}_{2}He(\alpha)，举例：^{226}_{88}Ra(镭) \rightarrow ^{222}_{86}Rn(氡) + ^{4}_{2}He(\alpha)$$

β 放射性衰变的一般表达式

$^{A}_{Z}X \rightarrow _{Z+1}^{A}Y + e^{-} + \bar{v}$(反中微子)

$^{A}_{Z}X \rightarrow _{Z-1}^{A}Y + e^{+}$(正电子)$+ v$(中微子)

$^{A}_{Z}X + e_{i}^{-}$(核外 i 层电子)$\rightarrow _{Z-1}^{A}Y + v$(中微子)

γ衰变一般伴随于α、β衰变，发出光子(电磁辐射——γ射线)一种电磁辐射，呈电中性。

(八) 核子结构

1964 年，美国的盖尔曼和茨瓦格提出强子结构的夸克模型。

目前，科学家预言的六种夸克(上夸克、下夸克、奇异夸克、粲夸克、底夸克、顶夸克)已经全部发现。

(九) 放射性衰变规律

衰变规律：$N = N_0 e^{-\lambda t}$

半衰期：衰变掉一半原子核所用的时间 $T = (1/\lambda)\ \ln 2$

(十) 探索微观世界的近代技术

电子显微镜：

衍射的存在限制了光学显微镜的分辨本领；

光学仪器的分辨本领与所使用的波长成反比。

$$电子波长：\lambda = \frac{h}{\sqrt{2em_0U}} \xrightarrow{U>100000\ \mathrm{V}} \frac{h}{\sqrt{2em_0U\left(1+\frac{eU}{2m_0c^2}\right)}}$$

电子显微镜(TEM)与光学显微镜(LM)的比较：

显微镜	分辨本领	光源	透镜	真空	成像原理
LM	200 nm 100 nm	可见光 (400～700 nm) 紫外光 (约 200 nm)	玻璃透镜 玻璃透镜	不要求真空 不要求真空	利用样品对光的吸收形成明暗反差和颜色变化
TEM	0.1 nm	电子束	电磁透镜	要求真空 1.33×10^{-5}～ 1.33×10^{-3} Pa	利用样品对电子的散射和透射形成明暗反差

高能粒子加速器

驱动管式直线加速器：利用交流电进行多次重复加速。

回旋加速器：将带电粒子放入磁场，使其一面做圆周运动，一面重复加速。

(十一) 同步辐射的发现和特性

同步辐射：加速运动电子产生的电磁辐射。

同步辐射的特性：辐射光的波长覆盖面积大，且连续可调；强的辐射功率；很好的准直性；高亮度；光谱纯；偏振光。

四、习题解答

10－1 具有下列哪一能量的光子，能被处在 $n=2$ 的能级的氢原子吸收。

A. 1.51 eV　　B. 1.89 eV　　C. 2.16 eV　　D. 2.40 eV

解 答案 B。根据氢原子波尔理论，只有当光子能量等于氢原子能级差时光子才可以被吸收。

$$E_3-E_2=(-1.51)-(-3.14)=1.89\ \text{eV}$$

B 正确。

10－2 根据玻尔理论，H 原子中的电子在 $n=4$ 的轨道上运动的动能与在基态轨道上的动能之比为(　　)。

A. 1/4　　B. 1/8　　C. 1/16　　D. 1/32

解 答案 C。根据氢原子轨道动能公式：$E_k=\dfrac{me^4}{8\varepsilon_0^2 n^2 h^2}$，所以 C 正确。

10－3 处于第一激发态($n=2$)的氢原子的电离能是(　　)。

A. 10.2 eV　　B. 13.6 eV　　C. 6.8 eV　　D. 3.4 eV

解 答案 C。氢原子轨道电子能量公式：$E_k=-\dfrac{me^4}{8n^2\varepsilon_0^2 h^2}$；$E_2=-3.4$ eV

电离能 $E=0-E_2=3.4$ eV，C 正确。

10－4 质量数为 A，原子序数为 Z 的原子核，俘获了电子后如何改变？

A. A 不变，Z 减少 2　　B. A 不变，Z 减少 1

C. A 不变，Z 增加 1　　D. A 减少 2，Z 减少 2

解 答案 B。${}_Z^AX+e_i^-\rightarrow{}_{Z-1}^{A}Y+\nu$，B 正确。

10－5 ${}_{88}^{226}Ra$ 经过一系列衰变后变为 ${}_{82}^{206}Pb$，它经过了(　　)。

A. 3 次 α 衰变和 6 次 β 衰变　　B. 4 次 α 衰变和 5 次 β 衰变

C. 5 次 α 衰变和 4 次 β 衰变　　D. 6 次 α 衰变和 3 次 β 衰变

解 答案 C。一次 α 衰变，质量数减 4，原子序数减 2；一次 β 衰变，质量数不变，原子序数加 1。

根据式中质量数变化可知发生了 5 次 α 衰变，于是易知 β 衰变次数为 4。C

正确。

10－6　处于基态的H原子吸收了13.06 eV的能量后，可激发到$n=$__5__的能级(激发态)，当它跃迁时，可能辐射的光谱线有__10__条。

解　氢原子轨道电子能量公式$E_n=-\frac{me^4}{8n^2\varepsilon_0^2h^2}$

$$E_5-E_1=(-0.54)-(-13.6)=13.06\ \text{eV}$$

跃迁辐射光谱：$n=5\to n=4,3,2,1$；$n=4\to n=3,2,1$；$n=3\to 2,1$；$n=2\to 1$。

可能光谱有10条。

10－7　普通光源的发光机制是__自发__辐射占优势。激光器发出的激光是__受激__辐射占优势，要实现这些条件，必须使激光器的工作物质处于__高能级__的粒子数超过处于__低能级__的粒子数，这种粒子分布状态称为__粒子数反转__。

10－8　光和物质相互作用产生受激辐射时，辐射光和照射光具有完全相同的特性，这些特性是指__相位__、__频率__、__偏振态__、__传播方向__。

10－9　试述各种原子模型以及它们的区别与联系。

答　(1) 汤姆逊原子模型。原子是一个球体，带正电的部分以均匀的体密度分布在整个原子的球体内，带负电的电子则一粒粒地均匀夹在这个球体内的不同位置上，整个原子呈电中性。电子在平衡位置处做谐振动，辐射出电磁波对应观察到的各种频率的原子光谱。

(2) 卢瑟福原子核式模型。原子具有与太阳系类似的结构，原子中心是一个带正电荷的原子核，电子绕原子核旋转，二者总电量相等，整个原子呈现电中性。原子核集中了几乎整个原子的质量。

(3) 原子结构的波尔理论。波尔在核式模型基础上提出三条假设：定态假设，电子在核外绕分立半径做圆周运动，且不向外辐射能量；频率条件假设，电子在不同半径轨道(能级)间跃迁时，满足$h\nu=E_n-E_m$的跃迁公式，ν是电子吸收或发出光子的频率；角动量量子化假设，绕核转动的电子的角动量L_m满足$L_m=m\nu r=n\frac{h}{2\pi}=n\hbar$的要求。

(4) 上述三个模型紧密联系，后一个模型都是在前者模型的基础上发展而来的。汤姆逊模型在解释α粒子的散射实验方面遇到困难，经过卢瑟福的改造，核式模型被提了出来并成功解释了α粒子散射实验；随后核式模型在解释辐射光谱的分立性和结构稳定性上遇到困难，又经波尔将量子假设引入到核式模型中，矛盾终得到解决。事实上波尔模型也有诸多不足，但最终都可以用现代量子力学理论得到解释。

10－10　卢瑟福是怎样根据α粒子的散射实验得出原子的核式模型的？卢瑟福的原子核式模型在解释原子现象上存在什么困难？

答 α 粒子散射实验中，会有约1/8000的 α 粒子出现大角度散射，有的甚至接近180°。根据汤姆逊原子模型推算，如此大角度的散射不可能出现。为解决上面的矛盾，卢瑟福提出原子中正电应该集中在原子内很小的区域——原子核内(这样当 α 粒子进入原子时就可以受到很大的斥力)，电子绕核旋转，并最终提出原子的核式模型。

虽然解释了 α 粒子散射实验，但是按照经典理论，核式结构仍面临两个问题：原子系统不稳定和辐射光谱为连续光谱。这两点都与已知实验事实相矛盾。

10-11 根据玻尔理论，计算氢原子中的电子在 $n=1$ 至 $n=4$ 轨道上运动时的速度、轨道半径及原子系统的能量。

解 氢原子轨道半径、速度、系统能量公式分别为：

$$r_n=n^2\frac{\varepsilon_0 h^2}{\pi me^2}(n=1,2,3,\cdots);\qquad v_n=\frac{e^2}{2n\varepsilon_0 h}(n=1,2,3,\cdots)$$

$$E_n=\frac{me^4}{8n^2\varepsilon_0^2 h^2}(n=1,2,3,\cdots)$$

当 $n=1$ 时

$$r_1=\frac{\varepsilon_0 h^2}{\pi me^2}=0.529\times10^{-10}\,\text{m}\qquad v_1=\frac{e^2}{2\varepsilon_0 h}=2.18\times10^6\ \text{m/s}$$

$$E_1=-\frac{me^4}{8\varepsilon_0^2 h^2}=-13.6\ \text{eV}$$

当 $n=4$ 时

$$r_4=16r_1=8.46\times10^{-10}\,\text{m};\qquad v_4=\frac{1}{16}v_1=5.45\times10^5\ \text{m/s}$$

$$E_4=\frac{1}{16}E_1=-0.85\ \text{eV}$$

10-12 实验中观察到氢原子的下列一组谱线，它们的波长(单位：10^{-10} m)为

$$\lambda_1=1215.66\qquad \lambda_6=4861.33$$
$$\lambda_2=1012.83\qquad \lambda_7=4340.47$$
$$\lambda_3=972.54\qquad \lambda_8=18751.1$$
$$\lambda_4=949.76\qquad \lambda_9=12818.1$$
$$\lambda_5=6562.79\qquad \lambda_{10}=4.05\times10^4$$

试以公式说明它们分别是由哪些能级间跃迁产生的谱线。

解 根据波尔跃迁公式：$E=h\nu=E_n-E_m$，由各能级能量可求出跃迁光频率，进而求出波长并确定跃迁能级：

$\lambda_1=1215.66(n=2)\rightarrow(n=1)$　　$\lambda_6=4861.33(n=4)\rightarrow(n=2)$

$\lambda_2=1012.83(n=3)\rightarrow(n=1)$　　$\lambda_7=4340.47(n=5)\rightarrow(n=2)$

$\lambda_3=972.54(n=4)\rightarrow(n=1)$　　$\lambda_8=18751.1(n=4)\rightarrow(n=3)$

$\lambda_4=949.76(n=5)\rightarrow(n=1)$　　$\lambda_9=12818.1(n=5)\rightarrow(n=3)$

$\lambda_5=6562.79(n=3)\rightarrow(n=2)$　　$\lambda_{10}=4.05\times10^4(n=5)\rightarrow(n=4)$

10－13　下面的氘-氘反应是可控聚变中的重要反应:(试计算此反应中可放出的能量(已知氘 D 的原子质量为 2.014102 u,氦(^3He)的原子质量为3.016 029 u,中子(n)的质量为 1.008 665 u)。

$$D+D\rightarrow{}^3He+n$$

解　反应过程的质量亏损:

$$\Delta m=2m(D)-m(^3He)-m_n=0.003\ 510\ \text{amu}$$

由质能关系得放出能量:

$$\Delta E=\Delta mc^2=3.270\ \text{MeV}$$

10－14　试写出 α、β 衰变过程的一般表达式,并说明各项的意义。

解　α 放射性衰变的一般表达式:

$${}_Z^AX\rightarrow{}_{Z+1}^{A-4}Y+{}_2^4He(\alpha)$$

β 衰变过程分为 β^- 衰变,β^+ 衰变和母核俘获轨道电子衰变,3 种表达式依次为:

$${}_Z^AX\rightarrow{}_{Z+1}^{A}Y+e^-+\bar{\nu}$$

$${}_Z^AX\rightarrow{}_{Z-1}^{A}Y+e^++\nu$$

$${}_Z^AX+e_i^-\rightarrow{}_{Z-1}^{A}Y+\nu$$

$\bar{\nu}$ 叫反中微子,ν 叫中微子,A 代表质量数,Z 代表质子数。

10－15　β 衰变有几种形式?试叙述它们的意义与区别。

解　β 衰变过程分为 β^- 衰变,β^+ 衰变和母核俘获轨道电子衰变,分别对应放出负电子、正电子和俘获轨道电子;三个过程表达式依次为:

$${}_Z^AX+\rightarrow{}_{Z-1}^{A}Y+e^-+\bar{\nu}$$

$${}_Z^AX\rightarrow{}_{Z-1}^{A}Y+e^++\nu$$

$${}_Z^AX+e_i^-\rightarrow{}_{Z-1}^{A}Y+\nu$$

10－16　${}_{84}^{210}Po$ 具有 α 放射性,它的质量为 209.982 863 u,又知衰变产物${}_{82}^{206}Pb$ 的质量为 205.974 55 u,试计算这一衰变过程所释放的能量(衰变能)以及 α 粒子的能量。

解　衰变表达式:

$${}_{84}^{210}Po\rightarrow{}_{82}^{206}Pb+{}_2^4\alpha$$

α 粒子的质量 4.002 603 u,可得质量亏损:

$$\Delta m = 209.982\,863 - 205.974\,55 - 4.002\,603 = 0.005\,71\ \text{u}$$

$$\Delta E = \Delta mc^2 = 0.005\,71 \times 931.49 = 5.318\,81\ \text{MeV}$$

α 粒子的能量

$$E = mc^2 = 3.728\,4 \times 10^3\ \text{MeV}$$

10－17 测得地壳的铀元素中 $^{235}_{92}\text{U}$ 只占 0.720％，其余为 $^{238}_{92}\text{U}$。已知 $^{238}_{92}\text{U}$ 的半衰期为 4.468×10^9 年，$^{235}_{92}\text{U}$ 的半衰期为 7.036×10^8 年。设地球形成时地壳中的 $^{238}_{92}\text{U}$ 和 $^{235}_{92}\text{U}$ 是同样多的，试估计地球的年龄。

解 令地球年龄为 t，根据半衰期公式：

$N^{238} = N_0^{238} \mathrm{e}^{-\lambda^{238} t}$，其中 $\lambda^{238} = 0.693 \dfrac{1}{T^{238}}$（$T^{238}$ 为 $^{238}_{92}\text{U}$ 的半衰期）；

$N^{235} = N_0^{235} \mathrm{e}^{-\lambda^{235} t}$，其中 $\lambda^{235} = 0.693 \dfrac{1}{T^{235}}$（$T^{235}$ 为 $^{235}_{92}\text{U}$ 的半衰期）；

当 $t=0$，$N_0^{238} = N_0^{235}$；另外由 $\dfrac{N^{235}}{N^{235} + N^{238}} = 0.720\%$，可解得：

$t = 5.96 \times 10^9$ 年。

10－18 求下列各粒子相应的德布罗意波的波长：

(1) 能量为 100 eV 的自由电子；

(2) 能量为 0.1 eV 的自由电子。

解 根据德布罗意公式：$\lambda = \dfrac{h}{mv}$

当通过加电压给电子提供速度时可得到变形公式 $\lambda = \dfrac{h}{\sqrt{2em_0U}}$

于是可求出(1)(2)两种情况下的波长分别为

$$\lambda_1 = 1.228 \times 10^{-10}\ \text{m} \qquad \lambda_2 = 3.883 \times 10^{-9}\ \text{m}$$

10－19 已知放射性元素 a 的衰变常数为 λ_a，子核 b 也是放射性的，衰变常数为 λ_b；开始时只有核素 a 存在，数量为 N_{a0}，求核素 b 随时间变化的规律。

$$N_{a0} \frac{\lambda_a}{\lambda_b - \lambda_a} (\mathrm{e}^{-\lambda_a t} - \mathrm{e}^{-\lambda_b t})$$

解 t_1 时刻由 a 元素衰变而来的 b 元素的微分：

$$\mathrm{d}N_{b0} = -\mathrm{d}N_a = \lambda_a N_{a0} e^{-\lambda_a t_1} \mathrm{d}t_1$$

经过衰变到 t 时刻剩余的 $\mathrm{d}N_{b0}$ 为

$$\mathrm{d}N_b = \mathrm{d}N_{b0} \times \mathrm{e}^{-\lambda_b (t - t_1)}$$

所以 t 时刻 b 元素总量：

$$N_b = \int_0^t \mathrm{d}N_b = N_{a0} \frac{\lambda_a}{\lambda_b - \lambda_a} (\mathrm{e}^{-\lambda_a t} - \mathrm{e}^{-\lambda_b t})$$

10－20 已知 ^{224}Ra 的半衰期为 3.66 天，试求 1 天和 10 天中分别衰变了多少

份额？若开始有 1 μg，则 1 天和 10 天中分别衰变掉多少原子？

解　$\dfrac{N}{N_0}=\mathrm{e}^{-\lambda t}$，$\lambda=\dfrac{\ln 2}{T}$；$T=3.66$ 天，衰变的份额为$\left(1-\dfrac{N}{N_0}\right)$；可解得衰变份额分别为

17.25％($t=1$ 天)、84.95％($t=10$ 天)。

开始的原子总数为：$\dfrac{1\times10^{-6}}{224}=4.46\times10^{-9}$摩尔；则衰变掉的原子数分别为

4.63×10^{-9}($t=1$ 天)、2.28×10^{15}($t=10$ 天)。

10－21　根据玻尔理论，求基态氢原子中的电子绕核运动的等效电流。

解　基态时电子绕核运动的频率 $f_1=\dfrac{v_1}{2\pi r_1}=\dfrac{me^4}{4\varepsilon_0^2h^3}$，则等效电流为

$$i=ef_1=\frac{me^5}{4\varepsilon_0^2h^3}=1.06\times10^{-3}\,\mathrm{A}$$

10－22　已知^{238}U 核 α 衰变的半衰期为 4.50×10^9年，问：

(1)它的衰变常数是多少？

(2)要获得 1Ci 的放射性强度，需要^{238}U 多少克？

(3) 1 g ^{238}U 每秒将放出多少 α 粒子？

解　(1) 衰变常数：$\lambda=0.693\,\dfrac{1}{T}=4.88\times10^{-18}\ \mathrm{s}^{-1}$

(2) 放射性强度指某一特定能态的放射性核在单位时间里的衰变数，记为 A，

$$A=-\frac{\mathrm{d}N}{\mathrm{d}t}=\lambda N$$

国际单位贝克勒尔(Bq)，常用单位居里(Ci)。$1\mathrm{Ci}=3.7\times10^{10}$ Bq。可得：

$$3.7\times10^4\lambda\times\frac{m}{238}\times6.02\times10^{23}；得\ m=3.0\times10^6\ \mathrm{g}$$

(3) $n=\dfrac{1}{238}\times6.02\times10^{23}\lambda\approx1.23\times10^4\ \mathrm{g\cdot s^{-1}}$

10－23　每个^{235}U 核裂变可放出 200 MeV 的能量，若想获得 1 kW 的能量输出，那么每秒需要发生多少次^{235}U 裂变？

解　$n=\dfrac{1000}{2\times10^8\times1.6\times10^{-19}}=3.125\times10^{13}\ \mathrm{s}^{-1}$

10－24　放射性原子核发射哪几种射线或粒子？

解　α 粒子、正负电子和 γ 射线。

10－25　在放射性衰变中，什么量是不能预言的？这是什么基本原理的实例？

解　精确的衰变时间不能准确预言。根据测不准原理，衰变时间和衰变能量不能同时确定。

10－26 说明^{14}C年代测定法的工作原理。它用在哪几种物体上？放射性碳来自何处？

解 ^{14}C检测的原理是放射性粒子的衰变原理：$N=N_0e^{-\lambda t}$，其中N_0、N和λ可知，故可以求出时间(年代)。该方法主要用在测定古生物化石和历史文物的年代上。宇宙射线进入大气会产生一些放射性同位素，其中的^{14}C同位素会形成二氧化碳并通过光合作用进入到植物体中，最后进入所有动植物体内且保持含量基本稳定。

10－27 举出放射性同位素一些有用的应用。

解 测定古生物化石年代、示踪元素等。

10－28 切尔诺贝利事故对健康的长期影响是什么？

解 2006在乌克兰举办了关于切尔诺贝利核事故的第20次年会，会上发表了题为"切尔诺贝利核事故对健康影响"的报告，其中对部分健康问题进行了研究。事故导致甲状腺癌发病率上升，并且确定这是核事故泄露出来的放射性碘导致。除此，没有确切证据表明事故导致其他癌症的发病率明显升高。关于死亡率、遗传影响、心血管病等均未找到明显证据证明因辐射影响引起明显变化。

10－29 我们正常的居住环境里，氡气在什么地方？它是怎么去到那里的？

解 氡气主要通过四种途径进入室内：(1) 室外氡气经过空气流动进入室内；(2)地基土壤中的氡经过地面裂缝和管线裂缝等扩散进入室内；(3)多种建筑材料中含有的放射性镭，可以通过衰变生成氡并进入室内；(4) 供水系统中含有的氡气。

五、练习题

10－1 ______________提出的原子模型彻底打破了原子不可再分的传统观念。

10－2 核子结合成原子核时每个核子的平均结合能为常数，使得原子核的密度近似为常数，这就是核力的______________性。

10－3 今天科学家预言的6种夸克已经全部被发现。按照夸克模型，质子是由一个________夸克和两个________夸克组成。

10－4 关于电子显微镜，不正确的说法是(　　)。

A. 德国人鲁斯卡发明了第一台投射电镜，并因此获得诺贝尔物理学奖

B. 电子束的物质波波长比可见光长得多，因此电子显微镜的分辨本领比光学显微镜高许多

C. 电子显微镜可以看清纳米量级的物质颗粒

D. 电子显微镜利用静电透镜和磁透镜使电子波折射并聚集成像

10－5 核力是一种强相互作用，主要是吸引力，在引力范围内核力约比静电库仑力大(　　)。

A. 10 倍　　B. 100 倍　　C. 1000 倍　　D. 10000 倍

10－6　汤姆逊发现的电子质量小于一个氢原子质量的(　　)。

A. 千分之一　　B. 万分之一　　C. 十万分之一　　D. 百万分之一

10－7　关于中子,不正确的说法是(　　)。

A. 中子呈电中性,但内部仍有电荷分布

B. 中子是查德威克在 1932 年发现的

C. 海森堡认为,质子和中子是同一种粒子的两种状态

D. 中子里包含两个上夸克和一个下夸克

10－8　同步辐射是指____________________产生的电磁辐射。

10－9　天然放射性现象中$^{238}_{92}U$发生衰变放出α粒子后变成$^{234}_{90}Th$。已知$^{238}_{92}U$、$^{234}_{90}Th$和 α 粒子的质量分别是 m_1、m_2 和 m_3,它们之间应满足 m_1______m_2+m_3。

第11章　量子物理基础理论

一、基本要求

1.理解微观粒子遵从的量子化规律(能量量子化、光量子、原子结构的量子化),体会和理解普朗克、爱因斯坦、玻尔、德布罗意等科学家在摸索、建立微观世界所遵从的规律和量子化方面的创造性思维方法。

2.理解光电效应的实验规律及爱因斯坦光子理论对光电效应的解释,理解氢原子光谱的实验规律。

3.理解德布罗意物质波假设、实物粒子的波粒二象性以及描述物质波动性和粒子性物理量之间的关系。

4.了解不确定关系在宇宙起源、原子结构及DNA等方面的应用及重大意义,理解波函数及其统计解释,了解泡利不相容原理;理解描述微观粒子运动状态的基本方程——薛定谔方程的含义。

二、基本内容

普朗克的能量子假说,光电效应的实验规律,光量子,光电效应方程,氢原子光谱的实验规律,原子结构中的量子化,德布罗意假设,波粒二象性,概率波,波函数及其统计解释,不确定关系,泡利不相容原理,描述微观粒子运动状态的基本方程。

三、基本内容概述

(一) 热辐射

一切物体在任何温度下都以电磁波的形式向周围辐射能量的现象。

(二) 平衡热辐射

物体辐射出去的能量等于在同一时间内所吸收的能量,则热辐射达到了平衡,称为平衡热辐射或平衡辐射。

(三) 绝对黑体

物体在任何温度下,对任何波长的入射辐射能的吸收率都等于1,则称该物体为绝对黑体,简称黑体。

(四) 光电效应

当光照射到某些金属表面上时,金属中的电子从照射光中吸收光能而从金属表面逸出,这种现象称为光电效应。

(五) 绝对黑体的辐射定律

(1) 斯特藩-玻耳兹曼定律。黑体单位面积单位时间内发出的各种波长的热辐射的总能量 M 与绝对温度四次方成正比,即

$$M_0(T)=\sigma T^4$$

其中,$\sigma=5.67\times10^{-8}\,\mathrm{W/m^2\cdot K^4}$ 为斯特藩-玻耳兹曼常数。

(2) 维恩位移定律。当绝对黑体温度 T 升高时,辐射最强的波长 λ_m 向短波方向移动。即

$$\lambda_m T=2.897\times10^{-3}\,\mathrm{m\cdot K}$$

(六) 普朗克量子假说

普朗克提出的假定:对于一定频率 ν 的电磁辐射,物体只能以 $h\nu$ 为单位发射或吸收它,其中 h 是一个普适常量。物体发射或吸收电磁辐射只能以量子方式进行,每个能量子的能量为 $\varepsilon=h\nu$,其中 h 称为普朗克常量,量值为 $h=6.6260755\times10^{-34}\,\mathrm{J\cdot s}$。

按量子假说,可推出普朗克公式

$$M_{0\lambda}(T)=2\pi hc^2\lambda^{-5}(\mathrm{e}^{hc/\lambda KT}-1)^{-1}$$

这一公式与实验结果符合得很好。

(七) 爱因斯坦的光量子论

(1)光在空间传播时具有粒子性。光是一粒一粒以光速 c 运动的粒子流,这些光粒子称为光子。

(2)每一光子的能量为 $\varepsilon=h\nu$,频率 ν 不同的光子具有不同的能量。

(3)光的能流密度(即单位时间通过垂直于光传播方向单位面积的光能)决定于单位时间内通过垂直于光传播方向的单位面积的光子数目 N,即 $S=Nh\nu$。

(八) 爱因斯坦光电效应的四条实验规律

(1)只有当光的频率大于一定值时,才有光电子发射出来。这个最小频率 ν_0 称为该种金属的光电效应截止频率,也称为红限频率。

(2)光电子的能量只与光的频率有关,而与光的强度无关。光的频率越高,光电子的能量就越大。

(3)光的强度只影响释放的光电子的数目,强度增大,光电子的数目增多。

(4)光照和光电子发射是即时的,滞后时间不超过$10^{-9}\,\mathrm{s}$。

(九) 爱因斯坦光电效应方程

$$h\nu=\frac{1}{2}mv^2+A$$

式中,$h\nu$ 为光子能量;$\frac{1}{2}mv^2$ 是电子的最大初动能。$\frac{1}{2}mv^2=e|U_a|$,U_a 称为遏止

电势差或截止电势差；A 是金属的逸出功，$A=h\nu_0$，ν_0 称为光电效应截止频率。

（十）氢原子光谱的实验规律

氢原子的可见光谱都遵从谱线规律——巴耳末公式

$$\tilde{\nu}=R(\frac{1}{m^2}-\frac{1}{n^2})$$

其中，R 称为里德堡常量，$R=\frac{1}{m}\times 1.097\times 10^7$，$m=1,2,3,\cdots$；每一个 m 值对应于一个线系，而 $n=m+1,m+2,\cdots$。

$m=1,n=2,3,4,\cdots$，莱曼系（紫外区）。

$m=2,n=3,4,5,\cdots$，巴尔末系（可见光区）。

（十一）实物粒子的波粒二象性

（1）光的波粒二象性。光的干涉与衍射现象说明光具有波动性，而光电效应和康普顿效应又表明光具有粒子性，所以光具有波粒二象性。

（2）描述光的波动性和粒子性的物理量间的关系

$$E=mc^2=h\nu$$

$$P=mc=\frac{h\nu}{c}=\frac{h}{\lambda}$$

（3）实物粒子的波粒二象性。实物粒子如同光子一样也具有波粒二象性，这种与实物粒子相联系的波称为德布罗意波或物质波。与运动的实物粒子相联系在一起的波的频率 ν 和波长 λ 与粒子的能量 E 和动量 P 之间的关系为

$$E=mc^2=h\nu$$

$$P=mc=\frac{h\nu}{c}=\frac{h}{\lambda}$$

（十二）波函数

（1）波函数的物理意义。在某处德布罗意波的强度与粒子在该处附近出现的概率成正比，所以，德布罗意波是一种概率波。

$|\psi|^2\mathrm{d}V$ 表示粒子 t 时刻在 (x,y,z) 附近 $\mathrm{d}V$ 内出现的概率，$|\psi|^2=\psi\psi^*$ 表示粒子在空间单位体积内出现的概率即概率密度。

（2）根据物质波的统计解释，波函数 ψ 必须是单值、连续、有限的。

（3）波函数的归一化条件由于粒子总是要在空间中出现，所以粒子在空间中各点出现的概率的总和就应等于 1，即

$$\int_V |\psi|^2\mathrm{d}V=1$$

（十三）不确定关系

（1）由于粒子的波粒二象性，对粒子的坐标和动量不可能同时进行准确的测

量，若粒子在某一方向的坐标不确定量 Δx，动量不确定量 ΔP_x，坐标和动量的不确定关系式：

$$\Delta x \cdot \Delta P_x \geqslant \hbar/2$$

式中，$\hbar = h/2\pi = 1545 \times 10^{-34}$ J・s

(2) 若 ΔE 表示能量的不确定量，Δt 表示状态变化快慢，则能量和时间的不确定关系式：

$$\Delta E \cdot \Delta t \geqslant \hbar/2$$

(3) 角位移与角动量的不确定关系式：

$$\Delta\varphi \cdot \Delta L \geqslant \hbar/2$$

式中，$\Delta\varphi$ 表示角位移的不确定量；ΔL 表示角动量的不确定量。

四、习题解答

11－1　微观粒子满足不确定关系是由于(　　)。

A. 测量仪器精度不够　　B. 粒子具有波粒二象性

C. 粒子线度太小　　D. 粒子质量太小

解　答案 B。微观粒子的不确定性是由粒子的波粒二象性导致的。

11－2　要使金属发生光电效应，则应(　　)。

A. 尽可能增大入射光的强度

B. 选用波长较红限波长更短的光波为入射光波

C. 选用波长较红限波长更长的光波

解　答案 B。光波的波长较红限波长短则其频率高，相应的光子能量就高于电子的逸出功使金属发生光电效应。

11－3　由氢原子理论可知，当氢原子处子 $n=3$ 的激发态时，可发射(　　)。

A. 一种波长的光　　B. 两种波长的光

C. 三种波长的光　　D. 各种波长的光

解　答案 C。$3\to1$，$3\to2$，$2\to1$ 三种波长的光。

11－4　根据德布罗意假设(　　)。

A. 辐射不能量子化，但粒子具有似波的特性

B. 粒子具有似波的特性

C. 波长非常短的辐射有粒子性，但长波辐射却不然

D. 波动可以量子化，但粒子不可能有波动性

解　答案 B。德布罗意认为实物粒子如电子、质子等也应具有波动性。

11－5　1900 年，物理学家__普朗克__提出了能量量子化假设，并发现自然界的一个重要常数 h，称为__普朗克常数__，其量值为 $h=$__6.63×10^{-34}__J・s。

11－6 根据爱因斯坦的光子理论，每个光子(频率为 ν，波长为 $\lambda=c/\nu$)的能量 $E=$ __$h\nu$__；动量 $p=$ __$\frac{h\nu}{c}=h/\lambda$__；质量 $m=$ __$\frac{h\nu}{c^2}=\frac{h}{\lambda c}$__。

11－7 物质波概念是由物理学家__德布罗意__提出的。动量为 p 的粒子，其物质波波长为__h/p__。最早证实实物粒子具有波动性的实验是__电子衍射实验__；该实验是由__戴维孙__和__革末__共同完成的。

11－8 普朗克量子理论是在什么情况下提出来的？简述其主要思想，并解释能量子、量子化、量子态。

解 在许多科学家企图用经典物理理论来说明黑体能量分布的规律，推导出与实验结果符合的能量分布公式，但都未成功的情况下，普朗克提出了量子理论。即假设黑体以 $h\nu$ 为能量单位不连续地发射和吸收频率为 ν 的辐射，而不是像经典理论所要求的那样可以连续地发射和吸收辐射能量。能量单位 $h\nu$ 称为能量子，能量不连续的发射和吸收称为量子化，辐射能量量子化的状态称为量子态。

11－9 试述光电效应的实验规律，讨论：

(1) 用经典理论解释光电效应规律时，遇到了哪些困难，其原因何在？

(2) 试用爱因斯坦的光电效应方程 $h\nu=A+\frac{1}{2}mv^2$，解释光电效应的实验规律。

(3) 已知钨的红限波长为 230 nm，现用波长为 180 nm 的紫外光照射时，则从表面逸出电子的最大动能为多少电子伏特。

解 (1) 经典理论无法解释只有当光的频率大于一定值时才有光电子发射出来，光电子的能量只与光的频率有关而与光的强度无关，光的强度只影响释放的光电子的数目，光照和光电子发射是瞬时的等实验现象。原因在于只认识到光的波动性而没有认识到光的粒子性。

(2) 空间传播的光不是连续的，而是一份一份的，每一份是一个光子。频率为 $h\nu$ 的光的每一个光子所具有的能量为 $h\nu$，它不能再分割，而只能整个地被吸收或产生出来。当光照射到金属表面上时，能量为 $h\nu$ 的光子被吸收，电子把这能量的一部分用来克服物质内部原子对它的引力而做功即脱出功 A，另一部分就是电子离开金属表面后的动能。如果 $h\nu$ 小于脱出功 A，则没有光电子产生。光的频率决定了光的能量，光的强度只决定光子的数目，光子多产生的光电子也多。

(3) 由题可知 $A=h\frac{c}{\lambda_0}$，$h\nu=\frac{c}{\lambda}$代入光电效应方程

$$h\nu=A+\frac{1}{2}mv_m^2$$

可求得

$$E=\frac{1}{2}mv_m^2=h\nu-A=hc\left(\frac{1}{\lambda}-\frac{1}{\lambda_0}\right)=2.4\times10^{-19}\ \text{J}$$

即

$$E=\frac{2.4\times10^{-19}}{1.602\times10^{-19}}=1.5\ \text{eV}$$

11－10　试用玻尔理论(三条基本假设:定态、跃迁和量子化条件),解释氢原子的光谱规律。并计算:

(1) 巴尔末系的最大、最小波长各为多少?

(2) 氢原子从第四激发态($n=5$)跃迁到基态,可发出几条可见光谱线?

解　原子中的电子只能沿着一些特殊的轨道运动,电子在这些轨道上处于稳定状态(定态)。原子在这些状态时,不发出或吸收辐射(能量),各定态有一定的能量,其数值是彼此分立的;当原子从一个定态跃迁到另一个定态(即电子从一个轨道跳到另一个轨道)而发射或吸收辐射时,辐射的频率是一定的。

(1) 根据巴尔末公式

$$\tilde{\nu}=\frac{1}{\lambda}=R\left(\frac{1}{2^2}-\frac{1}{n^2}\right)\quad n=3,4,5,\cdots$$

可求得

$H_\alpha=656.3$ nm(红光),$H_\beta=486.1$ nm(绿光)

$H_\gamma=434.1$ nm(蓝光),$H_\delta=410.2$ nm(紫光)

(2) $5\rightarrow2,4\rightarrow2,3\rightarrow2$ 共三条可见光谱线。

11－11　试述微观粒子的波粒二象性,并讨论:

(1) 德布罗意是怎样提出这个概念的?

(2) 简述证实德布罗意波存在的关键性实验,并解释实验规律。

(3) 德布罗意波与机械波、电磁波的物理图像有什么不同?

(4) 试说明物质波波函数的统计意义。若粒子的波函数为 $\Psi(x,y)$,则 $\Psi(x,y)\Psi^*(x,y)$表示什么?

解　(1) 德布罗意认为在物质和辐射之间,应该存在着某种对称性,既然辐射具有波粒二象性,那么从对称角度考虑,实物粒子如电子、质子等也应具有波动性。他认为,19 世纪对光的研究中,注意了光的波动性,而忽视了另一面即光的粒子性;对实物的研究中,可能出现了相反的情况,即注意了实物粒子的粒子性,而忽视了它的波动性。

(2) 电子在晶体表面上的衍射实验和电子通过金属薄箔的衍射实验。将电子束投射到镍单晶体表面上,在满足布喇格公式的衍射角时,电子的波长满足德布罗意关系式,证明电子确实具有波动性;当高能电子束透射金属薄箔后,在薄箔后的照相胶片上得到的是同心环状的衍射图样,与光波通过圆孔的衍射图样相似,由衍射图样的圆环半径计算出的电子波长满足德布罗意关系式，证实了电子的波粒二象性。

(3) 机械波是周期性的振动在媒质内的传播，通过振动形式传递能量，其本身不是物质；电磁波是周期变化的电磁场的传播，本身就是物质。德布罗意波既不是机械波也不是电磁波，是指物质在空间中某点某时刻可能出现的概率。

(4) 物质波波函数的统计意义指的是发现粒子的概率，是每个粒子在所处环境中所具有的性质；$\Psi(x,y)\Psi^*(x,y)$表示 t 时刻粒子在 x 处单位体积中出现的概率，称为概率密度。

11－12 证明：若确定一个运动粒子位置时，其不确定量等于该粒子的德布罗意波长，则同时确定该粒子的速度时，其不确定量就等于该粒子的速度。

证明 根据不确定关系

$$\Delta x\Delta p\geqslant h$$

已知 $\Delta x=\lambda$，则

$$\Delta p=\frac{h}{\Delta x}=\frac{h}{\lambda}$$

又有

$$\Delta p=\Delta(mv)=m\Delta v$$

所以

$$\Delta v=\frac{\Delta p}{m}=\frac{h}{m\lambda}=\frac{p}{m}=v$$

11－13 试举出粒子与波之间的差异和相同点。

解 差异：粒子有尺度限制，而波是扩展的而没有尺度定义；粒子有确定质量而不能给波定义质量；粒子是物体而波是一个模式；粒子可自身存在而波仅能存在于某些媒质中(电磁波除外)。

相同点：二者都有速度；都能传递能量；都能传递信息。

11－14 试举出牛顿物理与量子物理之间的几点差异和相同点。

解 差异：牛顿物理描述的是宏观物质形态的运动规律，而量子物理则描述微观物质形态的运动规律；牛顿物理认为能量是连续的，量子物理认为能量是不连续的；牛顿物理认为物体的运动和位置是确定的，而量子物理认为物体的动量和位置不可能同时确定。

相同点：都是对客观规律的描述，牛顿物理是量子物理的一种近似。

11－15 我们是怎样知道辐射是由波组成的？又怎样知道辐射是由粒子组成的？怎样知道波伴随着实物粒子？

解 当物体的温度升高时，就会向周围空间放射出热量称为热辐射，热辐射经过测量分析后证明是一定波长范围内的电磁波；普朗克假设黑体以 $h\nu$ 为能量单位不连续地发射和吸收频率为 ν 的辐射，成功地解释了黑体辐射公式，从此发现了辐

射的粒子性;德布罗意认为在物质和辐射之间存在着某种对称性,既然辐射具有波粒二象性,那么从对称角度考虑,实物粒子也应具有波动性即波伴随着实物粒子。

11－16　在电子双缝干涉实验中,一个电子在屏幕上的撞击亮点位置是不可预言的。那么,什么是可以预言的?

解　一个电子在屏幕上的撞击亮点位置的概率是可以预言的。

11－17　从光子理论出发,解释为什么超紫外光能损坏我们皮肤的细胞,而可见光却不然。

解　超紫外光的频率很高也就具有很高的能量,高能量的光子撞击到我们的皮肤从而损坏皮肤细胞,而可见光的频率远低于超紫外光,其光子能量不足以损坏皮肤细胞。

11－18　试举出光子和电子之间的相同点和差异。假设用光子进行双缝实验,你在屏幕上还能得到干涉图吗?这个干涉图与电子双缝实验的干涉图有何不同?

解　(1) 相同点:都具有粒子性和波动性。

差异:电子有质量,光子无质量;电子带电荷,光子呈电中性;电子有自旋,光子无自旋

(2) 能够得到,电子双缝干涉图样与光波的双缝干涉图样相同。

11－19　量子不确定性与硬币投掷中的概率有联系吗?

解　没有联系,丢硬币游戏是"牛顿事件"——硬币遵从牛顿物理学,因此量子不确定性是无足轻重的。丢硬币的不确定性是来自投掷者缺乏详尽的信息和不能实行预言其结果所需的计算。

11－20　描述光电效应及其两个引起麻烦的特性。这个效应关于辐射告诉我们什么?

解　只有当光的频率大于一定值时才有光电子发射出来,光照和光电子发射是瞬时的;告诉我们辐射具有粒子性。

11－21　讨论实物和辐射之间的相似之处和差异?

解　差异:实物有尺度限制,而辐射是扩展的而没有尺度定义;实物有确定质量而不能给辐射定义质量。

相同点:二者都有速度;都能传递能量。

11－22　为什么在正常情况下我们注意不到辐射是由光子构成的?

解　因为光子的波长很小,只有在微观尺度下才能观测到,正常情况下不容易发现。

11－23　在单个电子通过双缝实验仪器时,有什么东西穿过两条缝吗?我们是怎么知道的?

解 有的，因为尽管单个电子通过双缝后只呈现一个亮点，但是大量电子通过双缝后呈现出规则的明暗相间的双缝干涉图样。

11-24 在双缝实验中，当我们用一个检测器来判定每个实物粒子是通过哪一条缝时，会发生什么？

解 当在缝后放置探测器时，我们得不到干涉图样。即探测器的放置毁没了干涉图，电子好像知道探测器的存在，它将应该通过一个缝而不是两个缝，另一个缝好像被关闭一样。

11-25 如果你拍一张照片时用的快门速度是如此之快，使得只有 10 个光子进入镜头，那么你在照片上会看到什么？

解 10 个散乱的亮点。

11-26 叙述牛顿世界观的至少两个与量子力学理论矛盾的基本观念。

解 牛顿世界观认为能量是连续的，量子力学理论认为能量是不连续的；牛顿世界观认为物体的运动和位置是确定的，而量子力学理论认为物体的动量和位置不可能同时确定。

五、练习题

11-1 一个质量为 m 的质子约束在长度为10^{-14} m 的直径内，试根据测不准关系估算质子所能具有的最小动能。

11-2 有两种粒子，其质量 $m_1=2m_2$，动能 $E_{k_1}=2E_{k_2}$，则它们的德布罗意波长之比 λ_1/λ_2 是多少？

11-3 把白炽灯的灯丝看成黑体，那么一个 100 W 的灯泡，如果它的灯丝直径为 0.40 mm，长度 30 cm，则点亮时灯丝的温度 T 是多少？（$\sigma=5.67\times10^{-8}$ $W/m^2\cdot K^4$）

11-4 有波长为 2.0×10^{-7} m 的光投射到铝表面，若从铝中移走一个电子需要 4.2 eV 的能量，试求：(1)发射出的光电子的最大动能是多少？(2)截止电压是多少？(3)铝的截止波长是多少？

11-5 金属钨的逸出功为 7.2×10^{-19} J，分别用频率为 7×10^{14} Hz 的紫光和频率为 5×10^{15} Hz 的紫外光照射金属钨的表面，问能否产生光电效应？

11-6 试求下列光子的能量、动量和质量。

(1)$\lambda=700$ nm 的红光；

(2)$\lambda=500$ nm 的可见光。

11-7 将恒星看作是绝对黑体，测出太阳的 $\lambda_m=510$ nm，北极星的 $\lambda_m=350$ nm，天狼星的 $\lambda_m=290$ nm，试求这些星球的表面温度及每单位面积上所发射的功率。

11－8　将人体表面近似看作黑体。假定人体表面平均面积为 1.73 m^2，表面温度为 33 ℃＝306 K，求人体辐射的峰值波长和总功率。

11－9　夜间地面降温主要是由于地面的热辐射。如果晴天夜里温度为－5 ℃，按黑体辐射计算，每平方米地面失去热量的速率多大？

11－10　在地球表面，太阳光的强度为 1.0×10^3 W/m^2。地球轨道半径以 1.5×10^8 km 计，太阳半径以 7.0×10^8 m 计，并视太阳为黑体，试估算太阳表面的温度。

练习题参考答案

第1章　练习题参考答案

1-1　轨道　面积　周期或调和　行星和太阳之间所连直线在相等的时间内扫过的面积相等。

1-2　质点　叠加　积分

1-3　能量不能消灭也不能创造，只能从一种形式转换为另一种形式，或从一个物体传递给另一个物体，但其总量保持不变。　联系　转化

1-4　角动量守恒　合外力矩为零

1-5　$2GmM/(3R)$因为 $\mathrm{d}A=F\cdot\mathrm{d}x$

所以 $A=\int_0^{2R}\frac{GMm}{(R+x)^2}\mathrm{d}x=\frac{2GmM}{3R}=E_p$

1-6　B

1-7　B

1-8　**解**　脱离轨道的条件是：轨道对小球的约束力为零，这时只有小球的重力分量提供向心力

$mg\cdot\sin\alpha=\frac{mv^2}{R}\rightarrow\sin\alpha=\frac{v^2}{Rg}=\frac{h-R}{R}$

由于机械能守恒：$mgH=mg2R=mgh+\frac{mv^2}{2}$

联立　$h=5R/3$

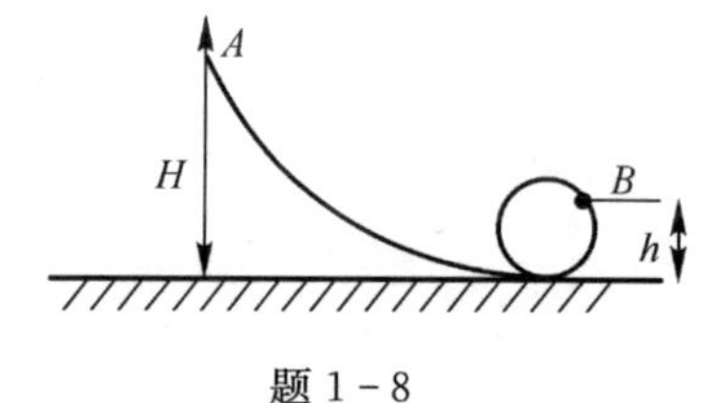

题1-8

1-9　**解**　拉力 $F=?$

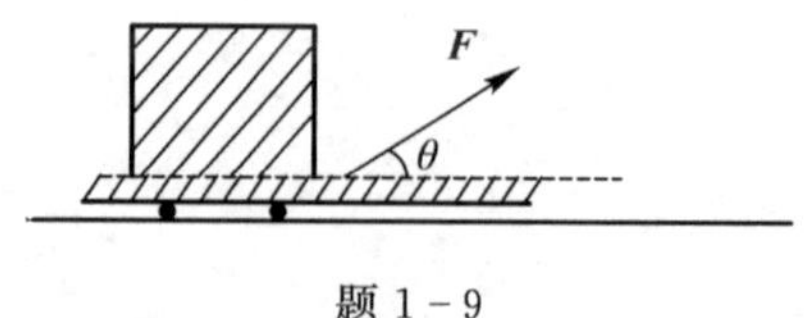

题1-9

因为匀速前进

所以　$F\cos\alpha=(mg-F\sin\alpha)\mu$

将 $\alpha=30°$代入得：

$$F=\frac{2mg\mu}{\sqrt{3}+\mu}\rightarrow W=F\cdot L\cos\alpha=\frac{mg\mu L}{\frac{\sqrt{3}}{3}+1}=3.6\times10^4\ \mathrm{J}$$

1-10 解 研究人和车组成的系统，水平方向合外力为零。

所以水平方向动量守恒

$$mv_1+M\cdot v_2=(m+M)V$$

$$V=(mv_1+Mv_2)/(m+M)=3.38\ \mathrm{m/s}$$

$$-mv_1+M\cdot v_2=(m+M)V$$

$$V=(-mv_1+Mv_2)/(m+M)=-\frac{4}{13}=-0.31\ \mathrm{m/s}$$

1-11 解 由向心力定义：$F=\frac{mv^2}{R}$

所以 $$F=\frac{mv_C^2}{R}$$

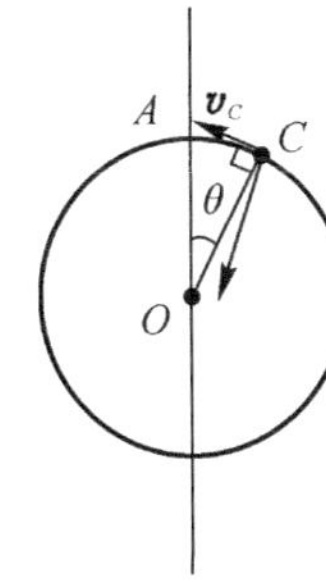

注意：这个向心力是张力和重力共同提供的。

即： $$F=\frac{mv_C^2}{R}=T+mg\cos\alpha$$

$$F=\frac{mv_C^2}{R}-mg\cos\alpha$$

图 1-11

恰能通过 A 点，表示在 A 点处只有重力提供向心力，而张力为零。

所以 $$T=\frac{mv_A^2}{R}-mg\cos\theta=0\Rightarrow v_A=\sqrt{gR}$$

1-12 牛顿从开普勒定律出发，推断出引力普遍存在，从抛体运动入手解决了月球在地球引力作用下的运动问题，把地球上重物下落所受到的重力和月球绕地球旋转时所受的引力统一了起来，并最终从数学上严格地证明了引力的平方反比定律。

预见并发现新的行星是万有引力定律运用于天文学的辉煌例证，海王星的发现以及对潮汐现象的解释都有力地支持和证实了万有引力定律。

1-13 能量概念的形成是人类在生产实践和科学实验中长期认识和探索的结果。

古希腊哲学家提出运动守恒的思想；伽利略的理想实验；莱布尼兹提出“活力”的概念及“活力”守恒思想。

1-14 物体的位移、速度是相对的，其值与参照系的选取有关。故动能、功、动量三个物理量与参照系的选取有关。

第2章　练习题参考答案

2－1　原因中的对称性必反映在结果中，即结果中的对称性至少有原因中的对称性那样多；或者反过来应该说：结果中的不对称性必在原因中有反映，即原因中的不对称性至少有结果中的不对称性那样多。

2－2

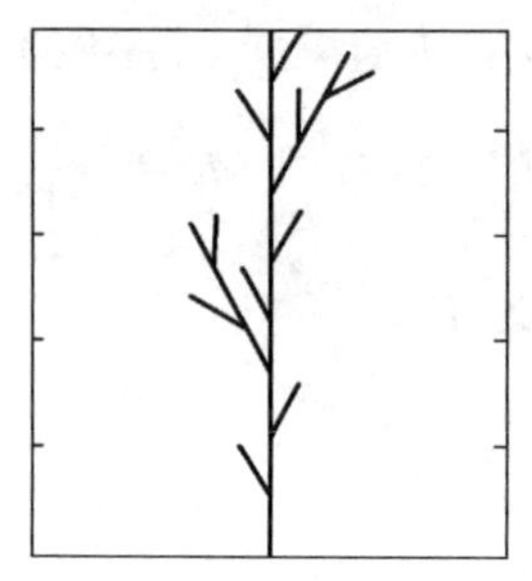

标度变换对称性是一种放大或缩小后呈现的自相似性，或局部与整体的相似性。看来十分复杂的事物，却可以用仅含很少参数的简单公式来描述；而简单中又蕴含着复杂。分形就是简单与复杂的辩证统一。

2－3　A

2－4　对称性的普遍定义：如果一个操作使系统从一个状态变到另一个与之等价的状态，或者说，状态在此操作下不变，我们就说系统对于这一操作是对称的，而这个操作就叫做该系统的一个对称操作。物理规律有层次高低之分，形式越简单的规律，适用范围越广，层次也越高。对称性的适用范围最广，所以对称性是统治物理规律的规律，是物质世界最高层次的规律。

2－5　987654321

2－6　答案略。

第3章　练习题参考答案

3－1　时间和空间的物理性质

3－2　绝对的，与参考系无关　绝对的，与运动速度无关　$\boldsymbol{P}=m\boldsymbol{v}$　$E_k=\frac{1}{2}mv^2$

3－3　绝对速度 $\boldsymbol{v}$= 相对速度 $\boldsymbol{v}'$+ 牵连速度 $\boldsymbol{u}$

3－4　-1980 m

3－5　惯性定律成立的参考系　通常取地面为惯性参考系　一切相对于惯性系做匀速直线运动的参照系都是惯性系

3-6 相对惯性系不是匀速直线运动的参考系

3-7 用来描述物体运动而选作参考的物体或物体系叫参考系，运动学中参考系可以任选，选定参考系后，可选坐标系

3-8 都不一定相同

3-9 c

3-10 解：

(1) 因为空气静止，飞机来回飞行的时间为：$t_0=\dfrac{2L}{v}$

(2) 由速度合成定律

$$\boldsymbol{v}_{机对地}=\boldsymbol{v}_{机对气}+\boldsymbol{u}$$

先定坐标，速度方向与 x 轴方向一致的取正，方向相反的取负。

飞机由 $M\rightarrow N$：$\boldsymbol{v}_{机对地}=\boldsymbol{v}+\boldsymbol{u}$

飞机由 $N\rightarrow M$：$-\boldsymbol{v}_{机对地}=-\boldsymbol{v}+\boldsymbol{u}$

来回飞行的总时间为

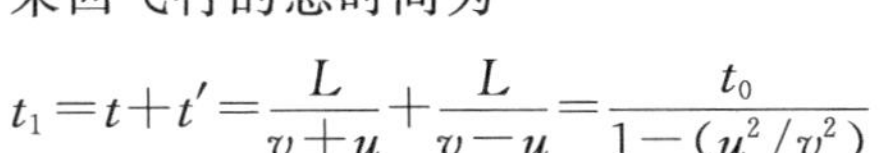

$$t_1=t+t'=\frac{L}{v+u}+\frac{L}{v-u}=\frac{t_0}{1-(u^2/v^2)}$$

去的时间：$t=\dfrac{L}{v+u}$

回的时间：$t'=\dfrac{L}{v-u}$

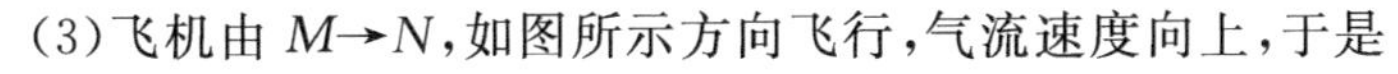

(3)飞机由 $M\rightarrow N$，如图所示方向飞行，气流速度向上，于是

$$v_{机对地}=\sqrt{v^2-u^2}$$

来回飞行的总时间为：$t_2=\dfrac{L}{\sqrt{v^2-u^2}}=\dfrac{t_0}{\sqrt{1-(u^2/v^2)}}$

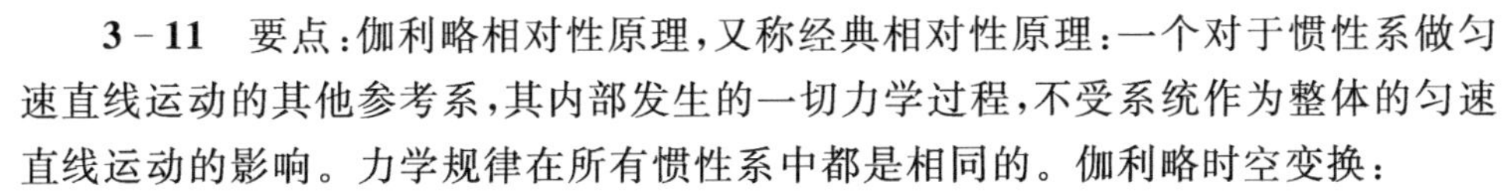

3-11 要点：伽利略相对性原理，又称经典相对性原理：一个对于惯性系做匀速直线运动的其他参考系，其内部发生的一切力学过程，不受系统作为整体的匀速直线运动的影响。力学规律在所有惯性系中都是相同的。伽利略时空变换：

$$x'=x-ut$$
$$y'=y$$
$$z'=z$$
$$t'=t$$

伽利略时空观特征：同时性是绝对的，时间间隔是绝对的，杆长是绝对的。

3-12 C

3-13 A

3-14 B

3－15　$0.25\ m_0c^2$

3－16　50

3－17　$0.5c$

3－18　解：设加速器为 S 系，离子为 S' 系，利用：$v_x=\dfrac{v'_x+u}{1+\dfrac{uv'_x}{c^2}}$，

则：$v_x=\dfrac{v'_x+u}{1+\dfrac{uv'_x}{c^2}}=\dfrac{c+0.9c}{1+\dfrac{0.9cc}{c^2}}=c$

3－19　解：在地面上的观察者认为 X 介子的寿命是一个膨胀的时间，根据钟慢效应，有 $\Delta t=\dfrac{\Delta t'}{\sqrt{1-\dfrac{u^2}{c^2}}}$，所以 $\Delta t=\dfrac{2\times10^{-6}}{\sqrt{1-\dfrac{(0.8c)^2}{c^2}}}=\dfrac{10}{3}\times10^{-6}\ \text{s}$

由 $l=v\Delta t=0.8\times3\times10^8\times\dfrac{10}{3}\times10^{-6}=800\ \text{m}<1000\ \text{m}$，所以到达不了地球。

3－20　解：$E_k=mc^2-m_0c^2=nm_0c^2\quad\rightarrow\quad m=(n+1)m_0$

$$m=\frac{m_0}{\sqrt{1-\dfrac{v^2}{c^2}}}=(n+1)m_0\quad\rightarrow\quad v=\frac{c\sqrt{n(n+2)}}{n+1}$$

$$p=mv=\sqrt{n(n+2)}\,m_0c$$

3－21　解：$E=mc^2=\dfrac{m_0}{\sqrt{1-(v^2/c^2)}}c^2=\dfrac{1}{\sqrt{1-(v^2/c^2)}}E_0$

$$\frac{E}{E_0}=\frac{1}{\sqrt{1-(v^2/c^2)}}=\frac{1000}{100}=10\qquad v=0.995c$$

X 介子运动时间：

$$\tau=\frac{\tau_0}{\sqrt{1-(v^2/c^2)}}=10\tau_0=2\times10^{-5}\ \text{s}$$

X 介子运动距离：

$$L=v\tau=0.995\times3\times10^8\times2\times10^{-5}\approx6000\ \text{m}$$

第 4 章　练习题参考答案

4－1　解：　质量　电荷　角动量

4－2　解：　广义相对论的预言有以下实验和观测的证实：

(1)水星近日点的进动；(2)引力红移；(3)光线弯曲；(4)雷达回波延迟；(5)引力波

4－3 解:膨胀率　平均质量密度

4－4 A

4－5 B

第5章　练习题参考答案

5－1 D

5－2 解:由简谐振动的运动方程可知,

振幅　$A=5.0\ \mathrm{m}$

周期　$T=\frac{2\pi}{\omega}=\frac{2\pi}{200\pi}=0.01\ \mathrm{s}$

初相位　$\varphi_0=0$

波长　$\lambda=uT=50\times0.01=0.5\ \mathrm{m}$

$y=A\cos[\omega(t-\frac{x}{u})+\varphi_0]=5.0\cos[200\pi(t-\frac{x}{50})]$

5－3 解:因两波源的初相位相同,两列波在 S 点处的相位差由它们的波程差决定。所以,两列波在 S 处的相位差为

$$\Delta\varphi=\varphi_2-\varphi_1-2\pi\frac{r_2-r_1}{\lambda}=2\pi\frac{r_1-r_2}{\lambda}=2\pi$$

S 处质点同时受两列相干波的作用,其振动为这两个同频率、同振动方向的简谐运动的合成,则合振幅为

$$A=\sqrt{A_1^2+A_2^2+2A_1A_2\cos2\pi}=|A_1+A_2|$$

第6章　练习题参考答案

6－1 A

6－2 C

6－3 解:由明纹位置满足 $a\sin\varphi=\pm(2k'+1)\frac{\lambda}{2},k'=1,2,3,\cdots$

可得:

$$(2k_1+1)\frac{\lambda_1}{2}=(2k_2+1)\frac{\lambda_2}{2}$$

$$\Rightarrow\lambda_1=\frac{(2k_2+1)\lambda_2}{(2k_1+1)}=\frac{2\times2+1}{2\times3+1}\times600=429\ \mathrm{nm}$$

6－4 D

6-5 A

6-6 B

6-7 $\lambda/2$ 零

6-8 3

第7章 练习题参考答案

7-1 $\dfrac{Q}{\varepsilon_0}$；0

7-2 解：设圆弧的对称轴为 x 坐标轴，由对称性知，y 方向电场相互抵销，圆心处的场强为 x 方向。

$$\mathrm{d}E_x=\frac{\rho\mathrm{d}l}{4\pi\varepsilon_0 r^2}\cos\theta=\frac{1}{4\pi\varepsilon_0 r^2}\frac{Q}{\alpha r}r\,\mathrm{d}\theta\cdot\cos\theta=\frac{Q\cos\theta\mathrm{d}\theta}{4\pi\varepsilon_0 r^2\alpha}$$

$$E=\int_{-\alpha/2}^{\alpha/2}\mathrm{d}E_x=\frac{Q}{4\pi\varepsilon_0 r^2\alpha}(\sin\frac{\alpha}{2}+\sin\frac{\alpha}{2})=\frac{Q\sin\dfrac{\alpha}{2}}{2\pi\varepsilon_0 r^2\alpha}$$

第8章 练习题参考答案

8-1 解：涡旋电场与静电场的相同点是对位于场中的电荷有作用力。不同点有两点：一是起源不同；静电场是由静止电荷激发的，而涡旋电场是由变化磁场激发的。二是性质不同；静电场的电力线起始于正电荷，终止于负电荷，是有源无旋场(电力线不闭合)，因而静电场是保守场。而涡旋电场的电力线则是闭合的，是无源有旋场，因而涡旋电场是非保守场。

8-2 解：红外线 X射线 可见光

8-3 C

8-4 B

8-5 A

8-6 D

8-7 A

8-8 传导电流 变化的电场将激发感应磁场

第9章 练习题参考答案

9-1 解：随着统计方法在物理学中的应用，出现了一种新的规律——统计规律。统计规律对于物理学领域具有重大的影响。

首先,它打破了力学规律,也即决定论独霸天下的局面。物理学家在19世纪末以前普遍认为,力学是整个物理学的基础,把力学解释看成是物理学解释的最终标准。然而,统计规律的出现使这一切发生了变化。当物理学家把统计方法引进物理学领域,就发现了事物的一些新的性质和规律,这与力学规律完全不同。

统计规律出现的另一个影响是它剥夺了规律的严格性。人们发现,除了严格的必然性规律之外,还存在另一种规律——统计规律。统计规律直接冲击了因果决定论。统计方法引入物理学领域开启了第二条物理学研究路径,对物理学的发展产生了重要影响。

9-2 解:(1) 由理想气体的压强公式 $p=\frac{2}{3}n\bar{\varepsilon}_k$,可得

$$\bar{\varepsilon}_k=\frac{3p}{2n}=\frac{3pV}{2(N_1+N_2)}$$

$$=\frac{3\times 2.58\times 10^4}{2\times(1.0\times 10^{24}+3.0\times 10^{24})}=9.675\times 10^{-21}\ \text{J}$$

(2)由平均平动能 $\bar{\varepsilon}_k=\frac{3}{2}kT$,可得

$$T=\frac{2}{3k}\bar{\varepsilon}_k=\frac{2\times 9.675\times 10^{-21}}{3\times 1.38\times 10^{-23}}=467\ \text{K}$$

9-3 B

9-4 C

9-5 A

9-6 $\frac{3}{2}RT$,$\frac{5}{2}RT$

9-7 解:自然界中不受外界影响而能够自动发生的过程,称为自发过程。热力学第二定律的开尔文表述指出了热功转换的不可逆性;克劳修斯表述指出了热传导过程的不可逆性。两种表述的等价性又进一步表明这两种不可逆过程既有内在的区别又有内在的联系,由其中任一种过程的不可逆性可以判断出另一种过程的不可逆性。自然界的一切自发过程,存在着共同的特征和内在联系,因而任一自发过程都可作为热力学第二定律的表述。无论采用什么样的表述方式,热力学第二定律的实质,就是揭示了自然界的一切自发过程都是单方向进行的不可逆过程。

9-8 解:273 K时,空气分子的平均速率为

$$\bar{v}=\sqrt{\frac{8RT}{\pi\mu}}=\sqrt{\frac{8\times 8.31\times 273}{3.14\times 28.9\times 10^{-3}}}=447\ \text{m/s}$$

273 K时,空气分子的方均根速率为

$$\sqrt{\overline{v^2}}=\sqrt{\frac{3RT}{\mu}}=\sqrt{\frac{3\times8.31\times273}{28.9\times10^{-3}}}=485\ \mathrm{m/s}$$

第10章　练习题参考答案

10－1　汤姆逊。

10－2　饱和

10－3　下；上

10－4　B

10－5　B

10－6　A

10－7　D

10－8　加速器中加速运动电子

10－9　$>$

第11章　练习题参考答案

11－1　解：按测不准关系式 $\Delta x\cdot\Delta P_x\geqslant\hbar$，有

$$\Delta v_x\geqslant\frac{\hbar}{m\Delta x}$$

质子的最小动能应该满足

$$E_{\min}=\frac{1}{2}m\ (\Delta v_x)^2\geqslant\frac{1}{2}m\left(\frac{\hbar}{m\cdot\Delta x}\right)^2$$

因为 $\Delta x=10^{-14}\,\mathrm{m}$

$$E_{\min}=\frac{\hbar^2}{2m\ (\Delta x)^2}=3.4\times10^{-14}\ \mathrm{J}$$

11－2　解：$\lambda_1=\dfrac{h}{P_1}$，$\lambda_2=\dfrac{h}{P_2}$

所以
$$\frac{\lambda_1}{\lambda_2}=\frac{P_2}{P_1}$$

粒子的动量 P 和动能 E_k 的关系为 $P=\sqrt{2mE_\mathrm{k}}$

所以
$$\frac{\lambda_1}{\lambda_2}=\frac{\sqrt{2m_2E_{\mathrm{k}_2}}}{\sqrt{2m_1E_{\mathrm{k}_1}}}=\frac{1}{2}$$

11－3　解：根据斯特藩-波尔兹曼定律 $M_0(T)=\sigma T^4$

$$T=\sqrt[4]{\frac{M_0(T)}{\sigma}}$$

因为 $$S=\pi\left(\frac{0.4\times10^{-3}}{2}\right)^2\times30\times10^{-2}$$

所以 $$M_0(T)=\frac{P}{S}=\frac{100}{3.77\times10^{-8}}=2.65\times10^{9}\ \text{W}$$

$$T=\sqrt[4]{\frac{2.65\times10^{9}}{5.67\times10^{-8}}}=1470\ \text{K}$$

11-4 解:(1) 由爱因斯坦光电效应方程:$h\nu=\frac{1}{2}mv_m^2+A$,可得光电子的最大动能为

$$E_{\max}=\frac{1}{2}mv_m^2=h\nu-A=hc/\lambda-A$$

$$=\frac{6.63\times10^{-34}\times3\times10^{8}}{2.0\times10^{-7}}-4.2\times1.6\times10^{-19}=3.23\times10^{-19}\ \text{J}=2.02\ \text{eV}$$

(2) 由 $eU_a=E_{\max}=\frac{1}{2}mv_m^2$,得铝的截止电压为

$$U_a=\frac{E_{\max}}{e}=\frac{3.23\times10^{-19}}{1.6\times10^{-19}}=2.02\ \text{V}$$

(3) 当调到截止电势差时,发射的光电子动能为零,由 $h\nu=A$,又 $\nu_0=\frac{c}{\lambda_0}$得铝的截止波长为

$$\lambda_0=\frac{hc}{A}=\frac{6.63\times10^{-34}\times3\times10^{8}}{4.2\times1.60\times10^{-19}}=2.96\times10^{-7}\ \text{m}$$

11-5 解:由爱因斯坦光电效应方程

$$h\nu=A+\frac{1}{2}mv^2$$

可知,能使金属钨产生光电效应的红限频率为

$$\nu_0=\frac{A}{h}=\frac{7.2\times10^{-19}}{6.63\times10^{-34}}=1.09\times10^{15}\ \text{Hz}$$

所用的紫光频率 7×10^{14} Hz 小于 ν_0 值,故不能产生光电效应;而紫外光的频率大于 ν_0 值,所以可以产生光电效应。

11-6 解:光子的能量 $E=h\nu=\frac{hc}{\lambda}$,动量 $P=\frac{h}{\lambda}$,质量 $m=\frac{E}{c^2}=\frac{h}{c\lambda}$。因此

(1) 当 $\lambda_1=700$ nm 时:

$$E_1=\frac{hc}{\lambda_1}=\frac{6.63\times10^{-34}\times3\times10^{8}}{700\times10^{-9}}=2.84\times10^{-19}\ \text{J}$$

$$P_1=\frac{h}{\lambda_1}=\frac{6.63\times10^{-34}}{700\times10^{-19}}=9.47\times10^{-28}\ \text{kg}\cdot\text{m/s}$$

$$m_1=\frac{h}{c\lambda_1}=\frac{6.63\times10^{-34}}{3\times10^{8}\times700\times10^{-9}}=3.16\times10^{-36}\ \text{kg}$$

（2）当 $\lambda_2=500$ nm 时，$\lambda_2=\frac{5}{7}\lambda_1$，因此

$$E_2=\frac{7}{5}E_1=3.98\times10^{-19}\ \text{J}$$

$$P_2=\frac{7}{5}P_1=1.33\times10^{-27}\ \text{kg}\cdot\text{m}\cdot\text{s}^{-1}$$

$$m_2=\frac{7}{5}m_1=4.42\times10^{-36}\ \text{kg}$$

11－7 解：由题意，将星球看作是绝对黑体，根据维恩位移定律 $\lambda_m T=b$，$b=2.898\times10^{-3}\text{m}\cdot\text{K}$，所以

对于太阳：$T_1=\frac{b}{\lambda_{m_1}}=\frac{2.898\times10^{-3}}{510\times10^{-9}}\approx5700\ \text{K}$

对于北极星：$T_2=\frac{b}{\lambda_{m_2}}=\frac{2.898\times10^{-3}}{350\times10^{-9}}\approx8300\ \text{K}$

对于天狼星：$T_3=\frac{b}{\lambda_{m_3}}=\frac{2.898\times10^{-3}}{290\times10^{-9}}\approx9993\ \text{K}$

在 5700 K 时，太阳表面辐射的能量大部分分布在可见光区域，这提示我们，在漫长的岁月中，人类的眼睛进化成适应于太阳，而变得对太阳辐射最强的峰值波长最为灵敏。由斯特藩-玻耳兹曼定律

$$M_0(T)=\sigma T^4，\sigma=5.67\times10^{-8}$$

则星球的辐射出射度，即单位表面积上的发射功率分别为

对于太阳：$M_1(T)=\sigma T_1^4=5.67\times10^{-8}\times5700^4\approx6.0\times10^7\ \text{W}\cdot\text{m}^{-2}$

对于北极星：$M_2(T)=\sigma T_2^4=5.67\times10^{-8}\times8400^4\approx2.7\times10^8\ \text{W}\cdot\text{m}^{-2}$

对于天狼星：$M_3(T)=\sigma T_3^4=5.67\times10^{-8}\times9993^4\approx5.7\times10^8\ \text{W}\cdot\text{m}^{-2}$

11－8 解：根据维恩位移定律 $\lambda_m T=b$ 得：

$$\lambda_m=\frac{b}{T}=\frac{2.898\times10^{-3}}{306}=9.47\times10^{-6}\ \text{m}$$

根据斯特藩-玻耳兹曼定律 $M(T)=\sigma T^4$

人体表面的总辐出度为 $M(T)=5.67\times10^{-8}\times306^4=497\ \text{W/m}^2$

人体表面在单位时间内向外界辐射的总能量（即辐射总功率）为

$$M_{总}=M(T)S=497\times1.73\approx860\ \text{W}$$

11－9 解:每平方米地面失去能量的速率即地面的辐射出射度

$$M=\sigma T^4=5.67\times10^{-8}\times268^4=292\ \text{W/m}^2$$

11－10 解:$M=\dfrac{4\pi R_E^2 I}{4\pi R_S^2}=\sigma T^4$

$$T=\sqrt[4]{\frac{R_E^2 I}{R_S^2\sigma}}=\sqrt[4]{\frac{(1.5\times10^{11})^2\times1.0\times10^3}{(7.0\times10^8)^2\times5.67\times10^{-8}}}=5.3\times10^3\ \text{K}$$

模拟试题

一、单项选择题(填在题中括号内,每题 3 分,共 30 分)

1. 一根长为 L、质量为 m 的均匀细棒的转动惯量为(　　)。

A. $\frac{1}{3}mL^2$　　B. $\frac{1}{2}mL^2$　　C. mL^2　　D. 不能确定

2. 质量 $m=0.5$ kg 的质点在 xOy 平面内运动,其运动方程为 $x=9t$,$y=0.5t^2$(SI 单位),在 $t=2$ s 到 $t=3$ s 这段时间内外力对质点做的功为(　　)。

A. -1.5 J　　B. 1.5 J　　C. 3.0 J　　D. 6.0 J

3. 关于宇称,下列说法中正确的是(　　)。

A. 宇称在任何情况下都是守恒量

B. 宇称是描述物体及其镜像的运动状态是否相同的物理量

C. 宇称的观测值可以取任意值

D. 宇称具有可加性和可乘性

4. 在 S 系中有两个静止质量都是 m_0 的粒子,分别以 v 和 $-v$ 的速度相向运动。两者碰撞后合成一个静止质量为 M_0 的粒子,则 M_0 为(　　)。

A. $2m_0\left[1-\left(\frac{v}{c}\right)^2\right]^{-\frac{1}{2}}$　　B. $2m_0$

C. $2m_0\frac{v}{c}\left[1-\left(\frac{v}{c}\right)^2\right]^{-\frac{1}{2}}$　　D. $2m_0\left[1-\left(\frac{v}{c}\right)^2\right]^{\frac{1}{2}}$

5. 下面哪一项不是两列波相遇产生干涉必须的条件?(　　)

A. 振幅相同　　B. 振动方向相同　　C. 频率相同　　D. 相位差恒定

6. 已知平面简谐波的波函数为 $y=A\cos(bt-2cx)$(b、c 为正值),则(　　)。

A. 波的频率为 b/π　　B. 波的周期为 $2\pi/b$

C. 波长为 $1/c$　　D. 波的传播速度为 c/b

7. 在单缝衍射实验中,若所用的入射平行单色光的波长为缝宽的$\frac{\sqrt{2}}{2}$倍,则对应于第一级暗纹的衍射角为(　　)。

A. $\pi/8$　　B. $\pi/6$　　C. $\pi/4$　　D. $\pi/3$

8. 在光电效应实验中,逸出光电子的最大初动能和入射光频率成线性关系,其斜率为(　　)。

A. 不同金属对应的斜率值不同　　B. 普朗克常数与电子电量的比值

C. 电子的电量　　D. 普朗克常数

9. 下列关于四种基本相互作用的阐述中，哪项是正确的？（　　）

A. 相对强度最弱的相互作用是弱相互作用

B. 作用距离最短的相互作用中是强相互作用

C. 轻子与重子之间、轻子与介子之间、介子与介子之间都存在着弱相互作用

D. 对于质子和电子之间的相互作用来说，强相互作用是最重要的

10. 粒子在某一力场中运动，它在某一能态上的波函数 $\phi(x)$ 曲线如图 1 所示，则概率密度最大的位置是（　　）。

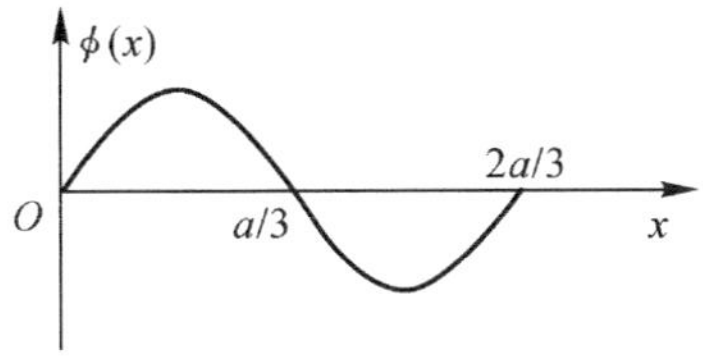

图 1

A. $a/2$　　B. $a/6, 5a/6$　　C. $a/6, a/2$　　D. $0, a/3, 2a/3, a$

二、填空题(30 分)

1. 萨尔维阿蒂的大船说明了一个重要规律：一个相对于惯性系做________运动的其他参照系，其内部发生的一切力学过程，不受系统作为整体的________运动的影响。这一论断称为____________________。

2. 潮汐现象主要是由于__________对__________的引力效应引起的。

3. 已知一质点运动方程 $\boldsymbol{r}=8t\boldsymbol{i}+(2-t^2)\boldsymbol{j}$，则 $t=2$ s 时质点的加速度为____________。

4. 在两块偏振化方向相互垂直的偏振片 P_1、P_3 之间插入另一块偏振片 P_2，光强为 I_0 的自然光垂直入射于偏振片 P_1，转动 P_2 时，透过 P_3 的光强 I 与 P_1、P_2 偏振化方向夹角 θ 的关系为____________________。

5. 波长为 540 nm 的单色光照射在间距为 2 mm 的双缝上，如果屏到双缝的距离为 2 m，则相邻两明纹的间距为________mm。

6. 角动量为 L，质量为 m 的人造地球卫星，在直径为 d 的圆轨道上运行。它的势能为__________；总能量为__________。

7. 根据玻尔理论，氢原子中的电子在 $n=3$ 轨道上运动时的轨道速度为____________，轨道半径为____________。

8. 物质世界最高层次的规律是____________原理。

9. 用白光垂直入射到一光栅上，则第一级光谱中紫色光最________（靠近或远

离)中央明条纹。

10.要使得电子的德布罗意波长为 0.1 nm,需要用________V 的电势差对电子进行加速(不考虑相对论效应)。

11.激光的发光机理与普通光源有所不同,普通光源是自发辐射,而激光是________辐射;激光有四个特点,分别是________,________,________,高亮度。

12.作一维运动的电子,其动量不确定量是 2×10^{-25} kg · m/s,能将这个电子约束在内的最小容器的大概尺寸是________m。

三、计算题(共 20 分)

1.质量分布均匀的定滑轮(可看成一圆柱体)半径为 R,质量为 M。一轻绳绕过该定滑轮,一端与固定的轻弹簧(弹簧的弹性系数为 k)相连接,另一端连接一质量为 m 的石块。如图 2 所示,现将 m 从平衡位置向下拉一微小距离后放手,求其振动周期。

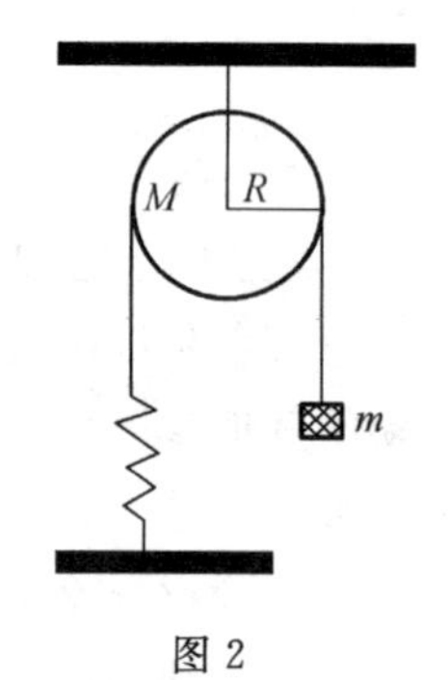

图 2

2.如图 3 所示为一平面简谐波在 $t=0$ 时刻的波形曲线,请写出 O 点的初相位,此简谐波的周期、波函数,以及 P 点的振动方程。

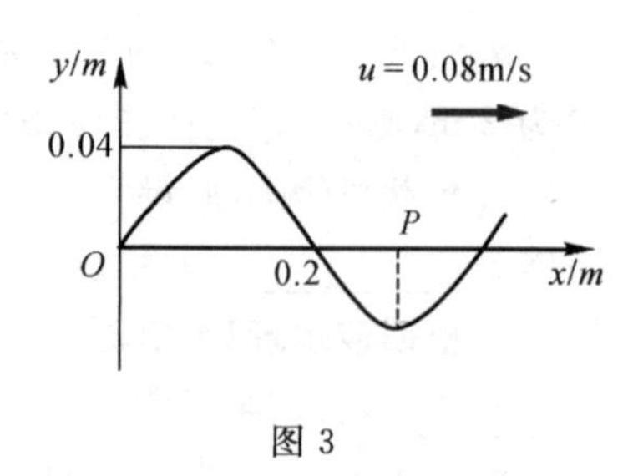

图 3

3. 如图 4 所示，半径为 R 的均匀带电球面，总带电量为 q。球面内有一 P 点到球心 O 的距离为 $R/2$，球面外有一 Q 点到球心 O 的距离为 $3R/2$。请计算 P 点和 Q 点的电场强度？

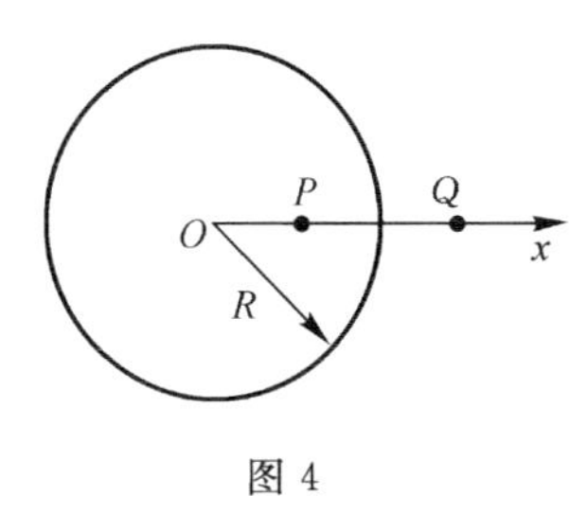

图 4

四、问答题(共 20 分)

1. 从伽利略变换到引力场中的光线弯曲，人类对时空的认识在不断发展和深化，请你谈谈这个过程。

2. 请解释人们在试图利用经典物理理论解释黑体辐射时所遇到的"紫外灾难"。普朗克在解决黑体辐射问题上作出了哪些重要贡献？

3. 宇宙未来有哪几种可能的命运？这些可能的命运是由宇宙的哪些物理特性决定的？

模拟试题参考答案

一、选择题

1.D； 2. C； 3. B； 4. A； 5. A； 6. B； 7. C； 8. D； 9. C； 10. C

二、填空题

1. 匀速直线；匀速直线；伽利略相对性原理或经典相对性原理

2. 月球；地球或海水

3. $\boldsymbol{a}=-2\boldsymbol{j}$

4. $I=\dfrac{1}{8}I_0\sin^2(2\theta)$

5. 5.5

6. $-\dfrac{4L^2}{md^2}$；$-\dfrac{2L^2}{md^2}$

7. $v_3=7.3\times10^5$ m/s　$r_3=4.77\times10^{-10}$ m

8. 对称性

9. 靠近

10. 150

11. 受激；单色性；方向性；相干性

12. 0.26×10^{-9} m

三、计算题

1. 解：对于物体 m，$mg-T=m\ddot{x}$

对于滑轮 M，须看成刚体，其转动惯量 $J=\dfrac{MR^2}{2}$；

相应动力学方程为：$TR-k(x_0+x)=J\ddot{\theta}=J\beta$

角量与线量的关系：$\dfrac{\mathrm{d}^2x}{\mathrm{d}t^2}=R\dfrac{\mathrm{d}^2\theta}{\mathrm{d}t^2}$

联立求解：$\dfrac{\mathrm{d}^2x}{\mathrm{d}t^2}+\dfrac{kR}{mR+\dfrac{J}{R}}x=0$

$$\omega=\sqrt{\frac{kR^2}{mR^2+J}}$$

$$T=2\pi\sqrt{\frac{mR^2+J}{kR^2}}=2\pi\sqrt{\frac{m+\frac{M}{2}}{k}}$$

2. 解：

(1)初相位：$\pi/2$

(2)周期：$T=\lambda/u=5\ \mathrm{s}$

(3) $y=0.04\cos\left[0.4\pi\left(t-\frac{x}{0.08}\right)+\frac{\pi}{2}\right]$ (m)

(4) $y=0.04\cos(0.4\pi t-\pi)$ (m)

3. 解：

以 O 为中心，过 P 点做半径为 $R/2$ 的高斯球面。

根据高斯定理：$\oint_S \boldsymbol{E}_{内}\cdot \mathrm{d}\boldsymbol{s}=\frac{q_{内}}{\varepsilon_0}$

由系统的球对称性，高斯面上各点电场大小相等，又因为高斯面内无电荷，所以

$q_{内}=0, E_{内}\cdot 4\pi\left(\frac{R}{2}\right)^2=0$ 所以，$E_p=0$

以 O 为中心，过 Q 点做半径为 $3R/2$ 的高斯球面。

根据高斯定理：$\oint_S \boldsymbol{E}_{外}\cdot \mathrm{d}\boldsymbol{s}=\frac{q_{外}}{\varepsilon_0}$

由系统的球对称性，高斯面上各点电场大小相等，又因为高斯面内电荷就是球面上总电荷，所以 $q_{外}=q$

$E_{外}\cdot 4\pi\left(\frac{3R}{2}\right)^2=\frac{q}{\varepsilon_0}$ 所以，$E_Q=E_{外}=\frac{q}{9\pi R^2\varepsilon_0}$

四、问答题

1. 答：在以伽利略变换为基础的经典时空观中，同时性是绝对的；时间间隔是绝对的；杆长是绝对的；力学规律在一切惯性系中等价。

在以光速不变原理和相对性原理为基础的狭义相对论时空观中，同时性是相对的；时间间隔是相对的；杆长是相对的；物理规律在一切惯性系中等价；洛仑兹变换取代了经典时空观的伽利略变换。

在一等效性原理和广义相对性原理为基础的广义相对论时空观中，时空与物质分布有关(质能使得引力存在，引力进而使得时空弯曲)；一切参照系都是平权的，物理规律具有适合于任何参照系的性质，物理规律在一切参照系中可以表达为相同的形式。

2. 答：瑞利-金斯利用经典电动力学和统计物理得出的理论曲线在短波范围与实验曲线相差很大，随波长向紫外变短而趋于无限大。而在有限空腔内，能量不可能无穷大！所以称为“紫外灾难”。为了解释黑体辐射的实验规律，普朗克提出

了能量的量子化假设（能量不连续，黑体以 $h\nu$ 为能量单位不连续地发射和吸收频率为 ν 的辐射，其中 h 为普朗克常数）。

3. 答：宇宙未来有三种可能的命运：

闭合宇宙：三维球形空间，体积有限；

开放宇宙：马鞍形的结构，体积无限；

平坦宇宙：无大规律的弯曲。

宇宙的命运由宇宙的膨胀率 v 和平均质量密度 ρ 决定：

当 v 小、ρ 大，膨胀将渐渐停下来转为收缩，形成闭合的宇宙；

当 v 大、ρ 小，永远膨胀下去，形成开放的宇宙；

当 v、ρ 符合一定条件，达到临界状态，形成平坦的宇宙。